もくじ

大日本図書版　理科2年

JN096374

テストの範囲や学習予定日をかこう！

学習計画	
出題範囲	学習予定日
5/14	5/10
テストの日	5/11

学習計画	
出題範囲	学習予定日

1章　物質の成り立ち

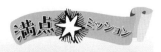

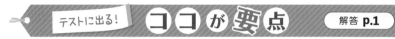

テストに出る！ ココが要点　解答 p.1

① 熱による分解　教 p.10～p.18

1 酸化銀の加熱

(1) 酸化銀の加熱

酸化銀(黒色) ⟶ (① 　　　　) (白色) + (② 　　　　)

(2) 化学変化と分解

- (③ 　　　　)…もとの物質とはちがう物質ができる変化。
- (④ 　　　　)…１種類の物質が２種類以上の物質に分かれる化学変化。
- (⑤ 　　　　)…加熱による物質の分解。

2 炭酸水素ナトリウムの加熱

(1) 炭酸水素ナトリウム ⟶ (⑥ 　　　　) + 二酸化炭素 + 水

図１

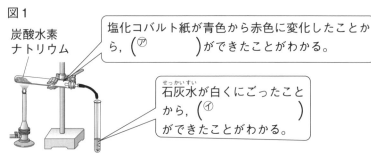

炭酸水素
ナトリウム

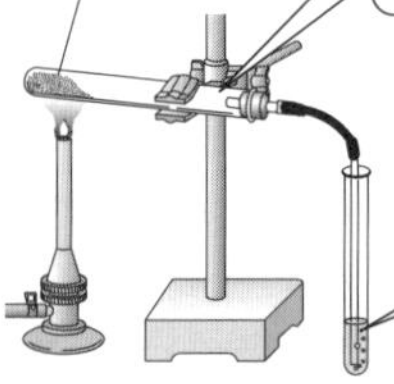

塩化コバルト紙が青色から赤色に変化したことから，(㋐ 　　　　)ができたことがわかる。

石灰水が白くにごったことから，(㋑ 　　　　)ができたことがわかる。

② 電気による水の分解　教 p.19～p.22

1 水の電気分解

(1) (⑦ 　　　　)　電気のエネルギーによって物質を分解すること。

(2) 水の電気分解　水 ⟶ (⑧ 　　　　) (陰極) + 酸素 (陽極)

図２

水酸化ナトリウムを溶かした水

(㋒ 　　　　)が発生。
マッチの炎を近づけると，音を立てて燃えた。

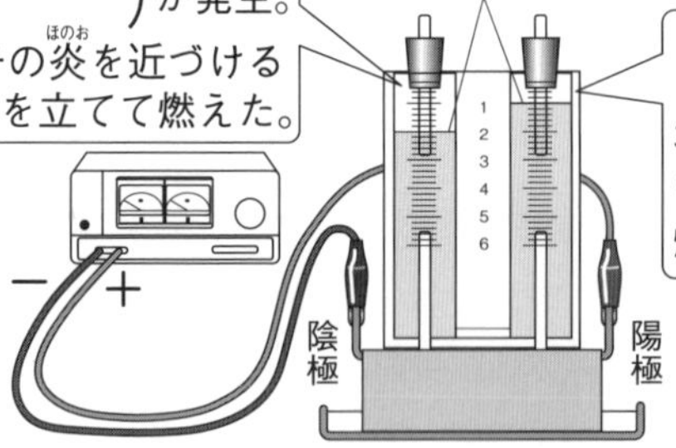

(㋓ 　　　　)が発生。
火のついた線香を入れると，炎を上げて燃えた。

満点★ミッション

①銀
酸化銀を加熱すると生じる金属。磨くと光る。

②酸素
空気中に約20%含まれている気体。

③化学変化
はじめにあった物質が別の物質に変わる変化。化学反応ともいう。

④分解
１種類の物質が２種類以上の物質に分かれる化学変化。

⑤熱分解
加熱による分解。

⑥炭酸ナトリウム
炭酸水素ナトリウムを加熱すると生じる。水によく溶け，フェノールフタレイン液が濃い赤色(強いアルカリ性)になる。

⑦電気分解
電気を流して物質を分解すること。

⑧水素
水の電気分解で陰極に生じる気体。

ココが要点の答えになります。

③ 物質をつくっているもの

教 p.23〜p.33

満点★ミッション

1 原子

(1) （⑨　　　　　） 物質をつくっている<u>最小</u>の粒子。

(2) （⑩　　　　　） <u>原子</u>の種類。現在，118種類知られている。

(3) 原子の性質

● 化学変化によって，それ以上分けられない。

● なくなったり，新しくできたり，他の元素の原子に変わらない。

● 原子の種類ごとに<u>質量</u>が決まっている。

(4) （⑪　　　　　） 元素を表す世界共通の記号。

(5) （⑫　　　　　） 性質が似た<u>元素</u>どうしを整列させた表。

2 分子・化学式

(1) （⑬　　　　　） 物質の<u>性質</u>を示す最小の粒子。

(2) （⑭　　　　　） <u>元素記号</u>を組み合わせて物質を表したもの。

3 物質の分類

(1) （⑮　　　　　） 1種類の元素からできている物質。

(2) （⑯　　　　　） 2種類以上の元素からできている物質。

図3

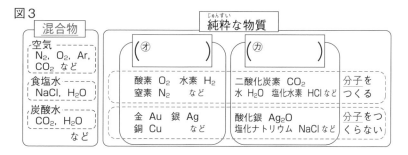

混合物	純粋な物質	
空気 N₂, O₂, Ar, CO₂ など	（オ　　　　）	（カ　　　　）	
食塩水 NaCl, H₂O	酸素 O₂ 水素 H₂ 窒素 N₂ など	二酸化炭素 CO₂ 水 H₂O 塩化水素 HCl など	分子をつくる
炭酸水 CO₂, H₂O	金 Au 銀 Ag 銅 Cu など	酸化銀 Ag₂O 塩化ナトリウム NaCl など	分子をつくらない
など			

④ 化学反応式

教 p.34〜p.37

1 化学反応式

(1) （⑰　　　　　） <u>化学式</u>を用いて，<u>化学変化</u>のようすを表した式。化学変化の前後で，原子の<u>種類</u>と<u>数</u>は変わらない。

2 化学反応式のつくり方

❶ 化学変化を，物質名を使って表す。

❷ 物質を化学式で表す。

❸ 式の左辺と右辺で，各原子の数を等しくする。

❹ 同じ化学式は，係数をつけてまとめる。

図4　水　　　→　　水素　＋　酸素

H_2O　　　→　　H_2　＋　O_2

→の左右で酸素原子の数を等しくするため，左側の<u>水分子</u>を1個増やす。

$[H_2O]$ H_2O　→　　H_2　＋　O_2

→の左右で水素原子の数を等しくするため，右側の<u>水素分子</u>を1個増やす。

H_2O　H_2O　→　$[H_2]$ H_2＋　O_2

（キ　　　　）→（ク　　　　）＋（ケ　　　　）

⑨原子

それ以上分割できない最小の粒子。

⑩元素

原子の種類のこと。原子には，性質の異なる複数の種類がある。

⑪元素記号

元素を表現する世界共通の記号。

⑫周期表

メンデレーエフによって考え出された表。性質の似た元素は縦に並ぶ。

⑬分子

いくつかの原子が結びついた物質。物質の性質を示す最小の粒子。

⑭化学式

物質の種類を元素記号で表したもの。

⑮単体

1種類の元素だけでできている物質。図3のオ。

⑯化合物

2種類以上の元素でできている物質。図3のカ。

⑰化学反応式

化学変化のようすを化学式を用いて表した式。化学変化の前後での物質の分子や原子の数の関係がわかる。

テストに出る！
予想問題　1章　物質の成り立ち

⏱ 30分

/100点

1 右の図のような装置で，酸化銀を加熱すると，気体が発生した。これについて，次の問い
に答えなさい。　　　　　　　　　　　　　　3点×6〔18点〕

酸化銀

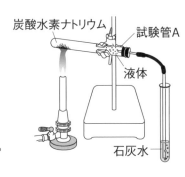

記述 (1)　発生した気体の中に火のついた線香を入れると，ど
うなるか。

（　　　　　　　　　　　　　　　）

(2)　試験管の中の酸化銀は，何色から何色に変化したか。

（　　　　　　　　　　　　　　　）

(3)　試験管に残った物質を磨くとどうなるか。　（　　　　　　　　　　　　　）

(4)　試験管に残った物質をたたくとどうなるか。　（　　　　　　　　　　　　　）

(5)　酸化銀を加熱すると，何という物質に分解されるか。2つ答えなさい。

（　　　　　　　　）（　　　　　　　　）

よく
出る **2** 右の図のような実験装置をつくり，試験管Aに炭酸水素ナトリウムを入れて加熱した。こ
れについて，次の問いに答えなさい。

3点×9〔27点〕

記述 (1)　試験管Aを加熱するとき，試験管の口を少し下向きに
した。その理由を書きなさい。

（　　　　　　　　　　　　　　　）

炭酸水素ナトリウム　　　　試験管A

液体

(2)　石灰水はどのように変化するか。

（　　　　　　　　　　　　　　　）

(3)　加熱をやめるとき，火を消す前に石灰水からガラス管
を抜きとった。その理由を，次のア〜ウから選びなさい。

（　　　　　）

石灰水

ア　発生した液体が石灰水に流れこむのを防ぐため。

イ　発生した気体が試験管Aに流れこみ，試験管が割れるのを防ぐため。

ウ　石灰水が試験管Aに流れこみ，試験管が割れるのを防ぐため。

(4)　試験管Aの口元についた液体に塩化コバルト紙をつけた。塩化コバルト紙は何色から何
色に変化するか。　　　　　　　　　　　　　　　　　　　　（　　　　　　　　　　　　　）

(5)　炭酸水素ナトリウムと，試験管Aに残った固体をそれぞれ水に溶かした。水によく溶け
る物質はどちらか。次のア〜ウから選びなさい。　　　　　　　　　　（　　　　　　　）

ア　炭酸水素ナトリウム　　イ　試験管Aに残った固体　　ウ　どちらも同じ。

(6)　(5)でできた水溶液に，フェノールフタレイン液を加えた。より濃い赤色に変化したのは，
どちらを溶かした水溶液か。(5)のア〜ウから選びなさい。　　　　　　（　　　　　　　）

(7)　炭酸水素ナトリウムを加熱すると，何という物質に分解されるか。3つ答えなさい。

（　　　　　　　　）（　　　　　　　　）（　　　　　　　　）

よく出る **3** 右の図のような装置で，水を電気分解した。これについて，次の問いに答えなさい。 3点×5〔15点〕

水酸化ナトリウムを溶かした水
A B
電源装置
− ＋

記述 (1) この実験で，純粋な水ではなく，水酸化ナトリウムを溶かした水を用いたのはなぜか。
（　　　　　　　　　　　　　　）

(2) 陰極は，A，Bのどちらか。（　　　）

(3) 火のついた線香を入れると，炎を上げて激しく燃えるのは，A，Bどちら側に発生する気体か。
（　　　）

(4) この化学変化を次のように表した。①，②にあてはまる物質名を書きなさい。
①（　　　　　）②（　　　　　）

水 ⟶ （ ① ） ＋ （ ② ）

4 次の問いに答えなさい。 2点×12〔24点〕

(1) ①〜③の元素記号で表される元素の名前と，④〜⑥の元素記号を答えなさい。
① O（　　　　） ② C（　　　　） ③ Mg（　　　　）
④ 塩素（　　　） ⑤ 硫黄(いおう)（　　　） ⑥ 銅（　　　）

(2) 次の物質を，化学式で表しなさい。
① 水素（　　　） ② 銀（　　　）
③ 水（　　　） ④ 塩化ナトリウム（　　　） ⑤ 金（　　　）

(3) 次のア〜コから化合物をすべて選びなさい。（　　　　　）
ア 塩化ナトリウム イ アンモニア ウ 金 エ 酸素 オ 酸化銅
カ 水素 キ 二酸化炭素 ク 銅 ケ 窒素(ちっそ) コ 水

5 化学反応式について，次の問いに答えなさい。 4点×4〔16点〕

(1) 酸化銀(Ag_2O)が分解して銀と酸素ができるようすを正しく表しているモデル図を，次のア〜エから選びなさい。ただし，○は酸素原子を，⬡は銀原子を表している。（　　　）
ア ⬡○ ⟶ ⬡ ＋ ○
イ ⬡○○ ⟶ ⬡ ⬡ ＋ ○
ウ ⬡○⬡○ ⟶ ⬡ ⬡ ＋ ○○
エ ⬡○○⬡ ⟶ ⬡⬡ ＋ ○○

(2) (1)を参考にして，酸化銀の分解を化学反応式で表しなさい。
（　　　　　　　　　　　）

作図 (3) 水の分解を表す，次の原子・分子のモデル図を完成させなさい。
酸素原子 ○●○ ●○● ⟶ （　　　 ＋　　　）水素原子

(4) (3)の水の分解を，化学反応式で表しなさい。（　　　　　　）

2章　いろいろな化学変化

満点ミッション

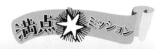

①**酸化**
物質が酸素と結びつくこと。

②**酸化物**
物質が酸素と結びついてできた物質。

③**燃焼**
物質が熱や光を出しながら，激しく酸化すること。

④**二酸化炭素**
石灰水を白くにごらせる気体。有機物が燃焼するとできる，炭素原子と酸素原子が1：2の数の割合で結びついた化合物。

⑤**水**
有機物が燃焼するとできる，水素原子と酸素原子が2：1の数の割合で結びついてできる化合物。

⑥**炭素原子**
有機物に含まれていて，燃焼すると，酸素原子と結びついて，二酸化炭素になる。

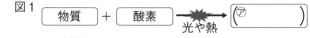

テストに出る！ココが要点　解答 p.2

① 酸素と結びつく化学変化　[教] p.38〜p.45

1 有機物の燃焼

(1)　(①　　　　)　物質が**酸素**と結びつく化学変化。

(2)　(②　　　　)　**酸化**（さんか）によってできる物質。

(3)　(③　　　　)　熱や光を出しながら，物質が激しく酸化すること。

図1　物質 ＋ 酸素 →（光や熱）→ (㋐　　　　)

(4)　炭素の燃焼（ねんしょう）　炭（炭素）が燃焼すると，炭素が酸化されて，(④　　　　)ができる。二酸化炭素は，**炭素**の**酸化物**（さんかぶつ）である。

図2　C ＋ O_2 ⟶ (㋑　　　　)

(5)　水素の燃焼　水素と酸素を入れた袋（ふくろ）に電気の火花で点火すると，**爆発**（ばくはつ）して(⑤　　　　)が生じる。

図3　$2H_2$ ＋ O_2 ⟶ (㋒　　　　)

(6)　有機物の燃焼　有機物に含まれる(⑥　　　　)と**水素原子**が，それぞれ酸化されて，二酸化炭素と水ができる。

図4 ● 有機物の燃焼で発生する物質 ●

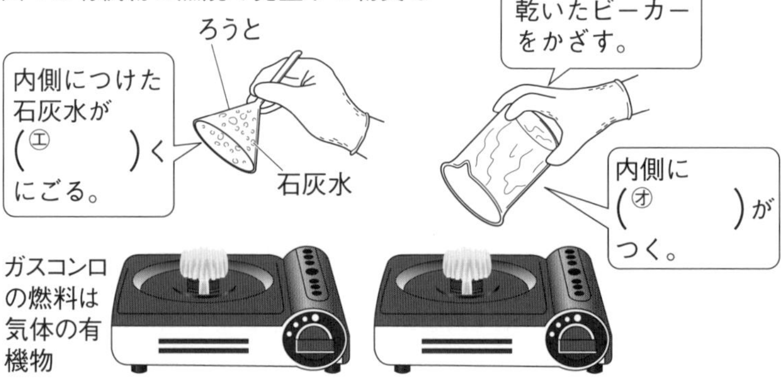
ろうと
乾いたビーカーをかざす。
内側につけた石灰水が(㋓　　)くにごる。
石灰水
内側に(㋔　　)がつく。
ガスコンロの燃料は気体の有機物

(7)　メタンの燃焼　**天然ガス**の主成分であるメタンを完全燃焼させると，**二酸化炭素**と**水**ができる。

図5
メタン ＋ 酸素 ⟶ (㋕　　　　) ＋ (㋖　　　　)
CH_4 ＋ $2O_2$ ⟶ CO_2 ＋ $2H_2O$

ココが要点の答えになります。

[2] 金属の燃焼

(1) 燃焼後の酸化物の質量　酸素と結びついた分，質量が増える。

● マグネシウムの燃焼　マグネシウム＋酸素 ⟶（⑦　　　　）

図6　$2Mg + O_2 \longrightarrow$（㋗　　　　）

● 鉄(スチールウール)の燃焼　鉄＋酸素 ⟶（⑧　　　　）

2 酸素を失う化学変化

[教] p.46～p.49

[1] 酸素を失う化学変化

(1)（⑨　　　　）酸化物が酸素を失う化学変化。

(2) 酸化銅の還元(かんげん)　炭素が酸化銅から酸素原子を奪(うば)い，二酸化炭素となり，酸化銅は（⑩　　　　）になる。

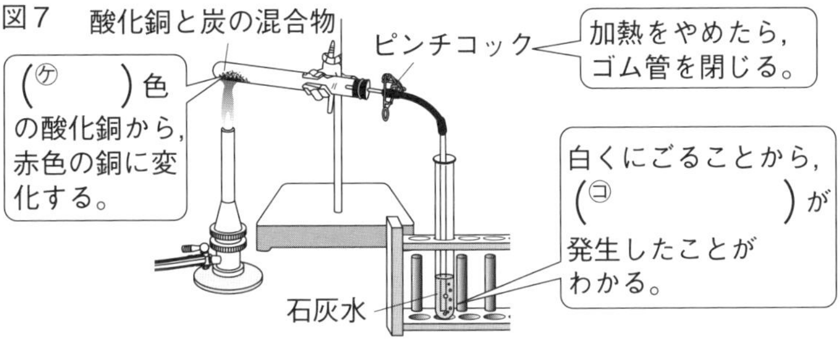
酸化銅と炭の混合物
ピンチコック
加熱をやめたら，ゴム管を閉じる。
（㋘　　）色の酸化銅から，赤色の銅に変化する。
白くにごることから，（㋙　　　　）が発生したことがわかる。
石灰水
図7

図8

$2CuO + C \longrightarrow 2Cu + CO_2$

（㋚　　　　）（2CuO → 2Cu）

（㋛　　　　）（C → CO_2）

3 硫黄と結びつく化学変化

[教] p.50～p.53

[1] 鉄と硫黄(いおう)が結びつく化学変化

鉄＋硫黄 ⟶（⑪　　　　）

図9　加熱前後の鉄と硫黄の混合物の性質

加熱後の物質は（㋜　　　　）である。

	鉄と硫黄の混合物	加熱後の物質
磁石を近づけたとき	磁石に引きつけられる。	磁石に（㋝　　　　）。
うすい塩酸を加えたとき	（㋞　　　　）が発生する。	（㋟　　　　）が発生する。

図10　Fe ＋（㋠　　　　）⟶（㋡　　　　）

[2] 銅と硫黄が結びつく化学変化

銅 ＋ 硫黄 ⟶（⑫　　　　）

図11　Cu ＋（㋢　　　　）⟶（㋣　　　　）

満点ミッション

⑦**酸化マグネシウム**
マグネシウム原子と酸素原子が1：1の数の割合で集まってできている化合物。

⑧**酸化鉄**
鉄が酸化されてできる鉄の酸化物。

ポイント
さびは，金属が空気中の酸素によって，長時間かけて穏(おだ)やかに酸化され，ぼろぼろになったり，変色したりしたもの。

⑨**還元**
酸化物が酸素原子を失う化学変化。1つの化学変化の中で還元と酸化が同時に起こる。

⑩**銅**
単体の金属。こすると特有の金属光沢(こうたく)が出る。

⑪**硫化鉄**(りゅうかてつ)
鉄原子と硫黄原子が1：1の数の割合で集まってできている化合物。

⑫**硫化銅**(りゅうかどう)
銅原子と硫黄原子が1：1の数の割合で集まってできている化合物。硫黄の蒸気の中に，熱した銅線を入れると，激しく反応して硫化銅ができる。

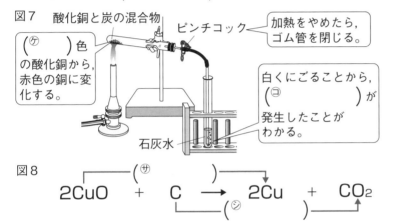

テストに出る！

予想問題　2章　いろいろな化学変化−①

⏲30分

/100点

1 物質が酸素と結びつく化学変化について，次の問いに答えなさい。　　4点×6〔24点〕

(1) 物質が酸素と結びつく化学変化を何というか。　　　　　　（　　　　　　）

(2) (1)によってできる物質を何というか。　　　　　　　　　　（　　　　　　）

(3) (1)のうち，熱や光を出しながら激しく反応することを何というか。（　　　　　　）

(4) 次の文の（　）にあてはまる言葉を書きなさい。

①（　　　　　　）　②（　　　　　　）　③（　　　　　　）

> 鉄を加熱すると，激しく熱や光を出しながら，（　①　）という物質ができる。また，鉄や銅などの金属の（　②　）は，空気中の酸素によって，表面が穏やかに（　③　）されてできたものである。

よく出る **2** 下の図のように，物質の燃焼実験を行った。これについて，あとの問いに答えなさい。

4点×9〔36点〕

石灰水

水素と酸素
の混合気体

塩化
コバルト紙

❶加熱した炭を石灰水の入った集気瓶に入れて，しばらく置いた後，炭をとり出しよく振ったところ，石灰水は白くにごった。

❷水素と酸素を袋に入れて，電気の火花で点火したところ，一瞬炎が出て，袋がしぼんだ。

(1) ❶の石灰水の変化から，何が発生したことがわかるか。　　（　　　　　　）

(2) ❶で，(1)ができる化学変化を化学反応式で表しなさい。（　　　　　　）

(3) ❷で，塩化コバルト紙は何色から何色に変化したか。　　（　　　　　　）

(4) (3)から，何という物質ができたことがわかるか。　　　　（　　　　　　）

(5) ❷で，(4)ができる化学変化を化学反応式で表しなさい。（　　　　　　）

(6) 次の文の（　）にあてはまる言葉を書きなさい。

①（　　　　　　）　②（　　　　　　）　③（　　　　　　）

> 天然ガスの主成分であるメタンの化学式はCH_4である。このように，炭素原子と水素原子を含む物質を（　①　）という。（①）が完全燃焼すると，❶と❷の結果のように，炭素原子が酸化した（　②　）と，水素原子が酸化した（　③　）が発生する。

(7) メタンの完全燃焼を化学反応式で表しなさい。

（　　　　　　　　　　　　　　）

3 下の図のように，スチールウール(鉄)を加熱し，その変化について調べた。これについて，あとの問いに答えなさい。 4点×6〔24点〕

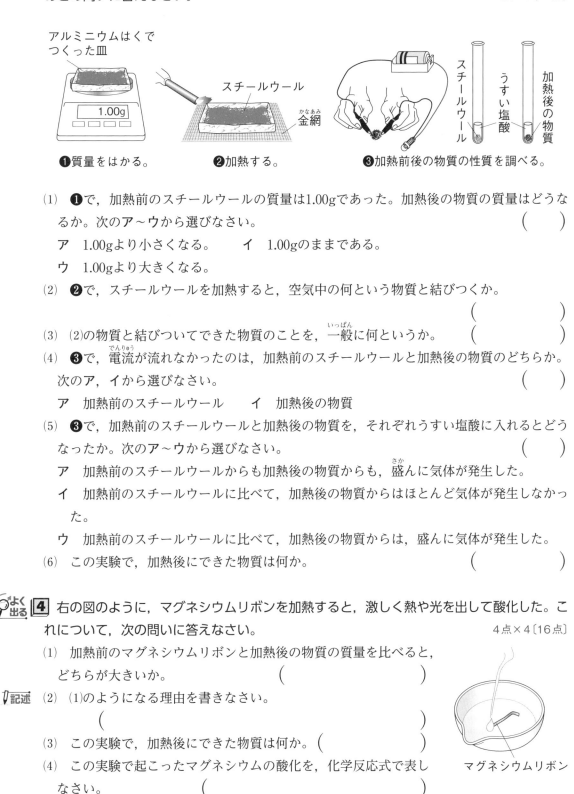

アルミニウムはくで
つくった皿

1.00g

スチールウール

金網(かなあみ)

スチールウール

うすい塩酸

加熱後の物質

❶質量をはかる。　　❷加熱する。　　❸加熱前後の物質の性質を調べる。

(1) ❶で，加熱前のスチールウールの質量は1.00gであった。加熱後の物質の質量はどうなるか。次のア～ウから選びなさい。 （　　）

ア　1.00gより小さくなる。　　イ　1.00gのままである。

ウ　1.00gより大きくなる。

(2) ❷で，スチールウールを加熱すると，空気中の何という物質と結びつくか。
（　　　　　　　）

(3) (2)の物質と結びついてできた物質のことを，一般(いっぱん)に何というか。 （　　　　　　）

(4) ❸で，電流(でんりゅう)が流れなかったのは，加熱前のスチールウールと加熱後の物質のどちらか。次のア，イから選びなさい。 （　　）

ア　加熱前のスチールウール　　イ　加熱後の物質

(5) ❸で，加熱前のスチールウールと加熱後の物質を，それぞれうすい塩酸に入れるとどうなったか。次のア～ウから選びなさい。 （　　）

ア　加熱前のスチールウールからも加熱後の物質からも，盛(さか)んに気体が発生した。

イ　加熱前のスチールウールに比べて，加熱後の物質からはほとんど気体が発生しなかった。

ウ　加熱前のスチールウールに比べて，加熱後の物質からは，盛んに気体が発生した。

(6) この実験で，加熱後にできた物質は何か。 （　　　　　　　）

4 右の図のように，マグネシウムリボンを加熱すると，激しく熱や光を出して酸化した。これについて，次の問いに答えなさい。 4点×4〔16点〕

(1) 加熱前のマグネシウムリボンと加熱後の物質の質量を比べると，どちらが大きいか。 （　　　　　　）

記述 (2) (1)のようになる理由を書きなさい。

（　　　　　　　　　　　）

(3) この実験で，加熱後にできた物質は何か。（　　　　　）

(4) この実験で起こったマグネシウムの酸化を，化学反応式で表しなさい。 （　　　　　　　　　）

マグネシウムリボン

テストに出る！

予想問題

2章　いろいろな化学変化－②

⏱ 30分

/100点

1 次の文の（　）にあてはまる言葉を書きなさい。　　　　　　2点×5〔10点〕

①（　　　　　　）②（　　　　　）③（　　　　　）④（　　　　　）⑤（　　　　　）

金属は，自然界では，酸素と結合した（ ① ）の形で存在するものが多い。そのため，鉱石を（ ② ）することで，単体の金属をとり出している。鉄の場合，右の図のように，溶鉱炉に，鉄鉱石と（ ③ ）などを入れて加熱することで，単体の鉄をとり出す。このとき，酸化鉄は，③に含まれている（ ④ ）に（ ⑤ ）原子を奪われて鉄になる。

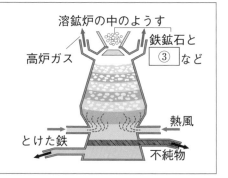

溶鉱炉の中のようす
高炉ガス
鉄鉱石と
③ など
熱風
とけた鉄
不純物

よく
出る **2** 右の図1のような装置を使って，酸化銅と炭の混合物を加熱した。また，図2は，この実験の化学変化を式で表したものである。これについて，次の問いに答えなさい。

4点×9〔36点〕

(1) 実験で，酸化銅は，何色から何色に変化したか。　（　　　　　　　　　）

(2) 実験で，石灰水はどのように変化したか。　　（　　　　　　　　　）

(3) 図2で示された物質（A），（B）は何か。

A（　　　　　　　　　）

B（　　　　　　　　　）

(4) 図2の化学変化C，Dをそれぞれ何というか。

C（　　　　　　　　　）

D（　　　　　　　　　）

(5) 図2の化学変化を，化学反応式で表しなさい。　（　　　　　　　　　）

図1

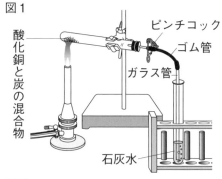

ピンチコック
ゴム管
ガラス管
酸化銅と炭の混合物
石灰水

図2

化学変化 C
酸化銅　＋　炭素　——→　（A）＋（B）
化学変化 D

記述 (6) 実験で，ガラス管を石灰水から抜いた後，ピンチコックでゴム管を閉じた。その理由を書きなさい。

（　　　　　　　　　　　　　　　　　　　　　　　　　　　　　　　　）

(7) この実験のように，銅や鉄の酸化物から銅や鉄をとり出すときは，炭素やアルミニウムと反応させる。その理由を述べた次の文の（　）にあてはまる言葉を書き，文を完成させなさい。

炭素やアルミニウムは，鉄や銅よりも（　　　　　　　　　　　　　）性質があるから。

[よく出る] **3** 右の図1のように，鉄粉と硫黄を乳鉢(にゅうばち)で混ぜ合わせたものを試験管A，Bに分けて入れ，図2のように試験管Bをガスバーナーで加熱した。その後，試験管A，Bの物質にうすい塩酸を加えて，発生する気体を調べた。次の問いに答えなさい。
4点×9〔36点〕

図1

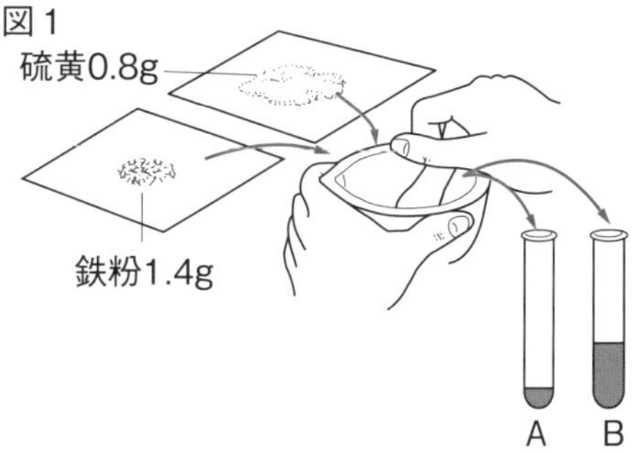
硫黄0.8g
鉄粉1.4g
A
B

(1) 試験管Bを加熱するとき，図2のどの部分を加熱するか。㋐～㋒から選びなさい。(　　)

[記述] (2) 化学変化の途中(とちゅう)で加熱をやめたとき，試験管Bの中の化学変化はどうなるか。
(　　　　　　　　　　)

(3) 加熱後にできた試験管Bの中の物質は何か。
(　　　　)

(4) 試験管Aの物質と，加熱後の試験管Bの物質に，磁石を近づけた。引きつけられたのは，試験管A，Bどちらの物質か。(　　)

(5) 試験管Aの物質にうすい塩酸を加えたとき，発生した気体は何か。また，その気体ににおいはあるか。
気体(　　　　)
におい(　　　　)

図2

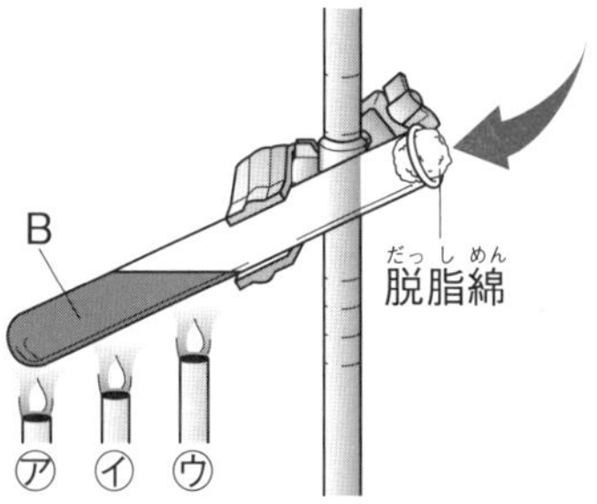
B
脱脂綿(だっしめん)
㋐
㋑
㋒

(6) 加熱後の試験管Bの物質にうすい塩酸を加えたとき，発生した気体は何か。また，その気体ににおいはあるか。　気体(　　　　)　におい(　　　　)

(7) 試験管Bで起こった化学変化を化学反応式で表しなさい。
(　　　　　　　　　　)

4 次のア～カの化学反応式で表される化学変化について，あとの問いに答えなさい。
3点×6〔18点〕

ア　$2Ag_2O \longrightarrow 4Ag + ($ A $)$
イ　$Cu + S \longrightarrow CuS$
ウ　$2H_2O \longrightarrow ($ B $) + O_2$
エ　$2NaHCO_3 \longrightarrow Na_2CO_3 + CO_2 + H_2O$
オ　$2Mg + O_2 \longrightarrow ($ C $)$
カ　$CH_4 + 2O_2 \longrightarrow CO_2 + 2H_2O$

(1) A～Cを元素記号と数字を用いて表し，ア，ウ，オの化学反応式を完成させなさい。
A(　　　)　B(　　　)　C(　　　)

(2) 物質の分解を表しているものを，ア～カからすべて選びなさい。(　　　)

(3) 物質の酸化(酸素と結びつく化学変化)を表しているものを，ア～カからすべて選びなさい。
(　　　)

(4) 反応後にできる物質がすべて単体のものを，ア～カからすべて選びなさい。
(　　　)

3章　化学変化と熱の出入り
4章　化学変化と物質の質量

満点★ミッション

①発熱反応
熱を発生する化学変化。右の[例]1，[例]2の他，鉄と硫黄の反応，有機物の燃焼など。

②酸化鉄
鉄が酸化してできる。インスタントかいろでは，食塩水と活性炭には，鉄の酸化を促す役割がある。

③吸熱反応
熱を吸収する化学変化。右の[例]の他，冷却パックなど。

④反応熱
化学変化にともなって出入りする熱。

⑤質量保存の法則
化学変化の前後で，全体の質量は変化しないという法則。

⑥二酸化炭素
石灰水を白くにごらせる気体。

ポイント
質量保存の法則は，状態変化や溶解など，あらゆる変化で成り立つ。

ココが要点の答えになります。

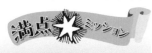

テストに出る！ ココが要点　解答 p.4

① 化学変化と熱の出入り　[教] p.54～p.59

1 熱を発生する化学変化

(1) (①　　　　　) 熱を**発生する**化学変化。

[例]1　加熱式容器

酸化カルシウム ＋ 水 ─→ 水酸化カルシウム
　　　　　　　　　　↓
　　　　　　　　　　熱

図1 ● かいろのしくみ ●

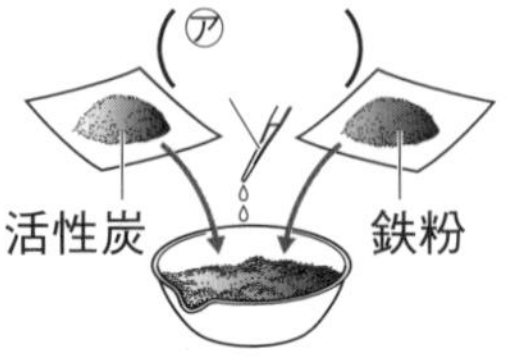

[例]2　インスタントかいろ

鉄 ＋ 酸素 ─→ (②　　　　　)
　　　　　↓
　　　　　熱

2 熱を吸収する化学変化

(1) (③　　　　　) 熱を**吸収する**化学変化。

図2 ●アンモニアの発生●

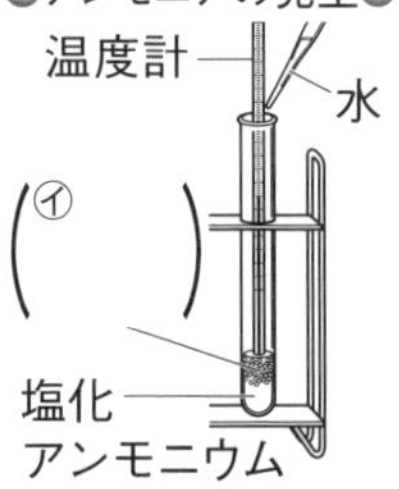

[例]アンモニアの発生

水酸化バリウム ＋ 塩化アンモニウム
─→ 塩化バリウム ＋ アンモニア ＋ 水
↑
熱

(2) (④　　　　　) 化学変化にともなって出入りする熱。

② 化学変化と物質の質量　[教] p.60～p.71

1 質量保存の法則

(1) (⑤　　　　　　　　) 化学変化の前後で，全体の質量は変化しないという法則。

(2) 気体が発生する反応　炭酸水素ナトリウムとうすい塩酸を混ぜる。

- 密閉しない場合…全体の質量は**小さく**なる。これは，発生した(⑥　　　　　)が空気中に出ていき，質量が減るためである。
- 密閉した場合…全体の質量は**変化しない**。

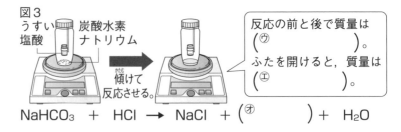

図3

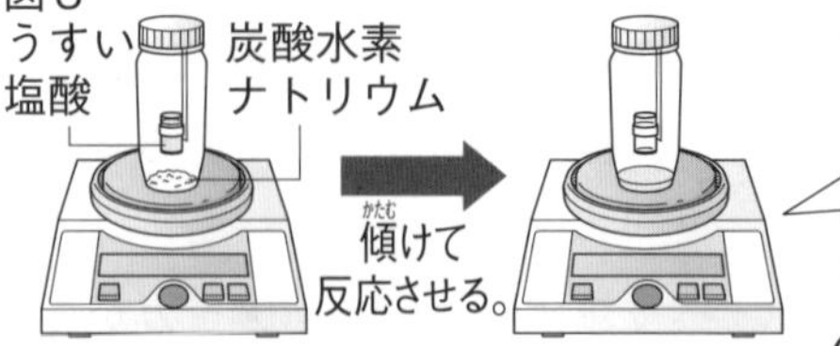

反応の前と後で質量は(㋒　　　　　)。
ふたを開けると，質量は(㋓　　　　　)。

$NaHCO_3$ ＋ HCl ─→ $NaCl$ ＋ (㋔　　　　　) ＋ H_2O

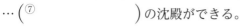

(3) 沈殿（ちんでん）ができる反応　反応の前後で，全体の質量は変わらない。

- 炭酸ナトリウム水溶液と塩化カルシウム水溶液の反応
…(⑦　　　　　)の沈殿ができる。

図４

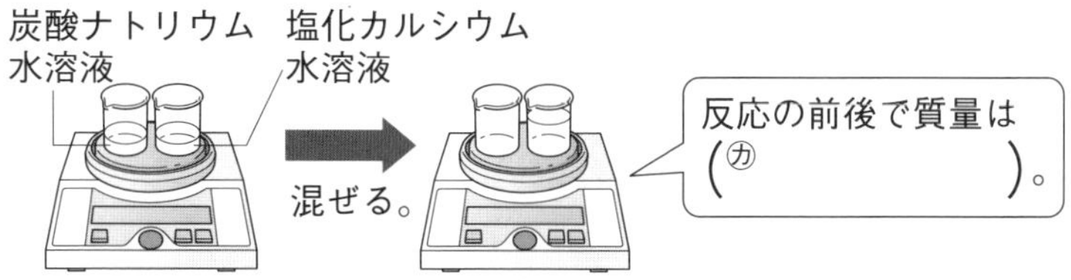
炭酸ナトリウム水溶液
塩化カルシウム水溶液
混ぜる。
反応の前後で質量は(㋕　　　)。

Na_2CO_3 ＋ $CaCl_2$ → 2(㋖　　　) ＋ (㋗　　　)

2 反応する物質の質量の割合

(1) 銅の加熱実験　ステンレス皿に銅粉をうすく広げて，加熱すると，空気中の**酸素**と結びつき，(⑧　　　　)ができる。

- 反応後の質量の変化…増加していくが，ある値（あたい）以上は**増えない**。
[理由] 一定量の銅と反応する酸素の質量は決まっている。

図５

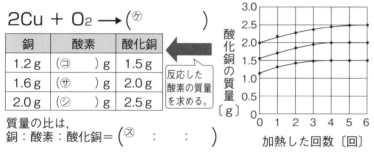

$2Cu + O_2 \longrightarrow$ (㋘　　　)

銅	酸素	酸化銅
1.2 g	(㋙　　) g	1.5 g
1.6 g	(㋚　　) g	2.0 g
2.0 g	(㋛　　) g	2.5 g

反応した酸素の質量を求める。

質量の比は，
銅：酸素：酸化銅＝(㋜　：　：　)

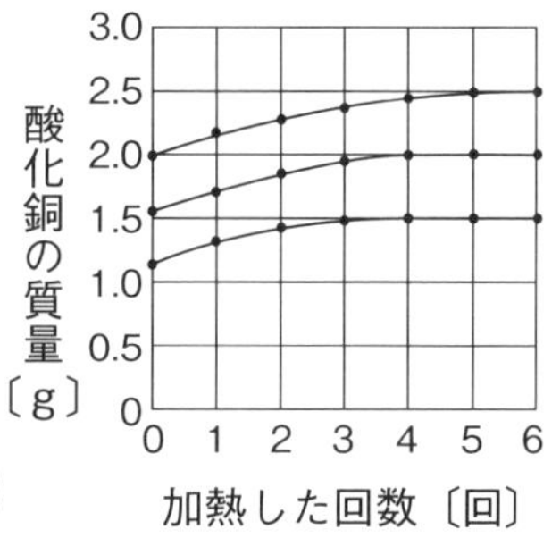
3.0
2.5
2.0
1.5
1.0
0.5
0
酸化銅の質量〔g〕
0 1 2 3 4 5 6
加熱した回数〔回〕

(2) 反応する物質の質量の割合　化学変化では，反応する質量の**比**は，物質の組み合わせによって決まっていて，常に**一定**である。

図６

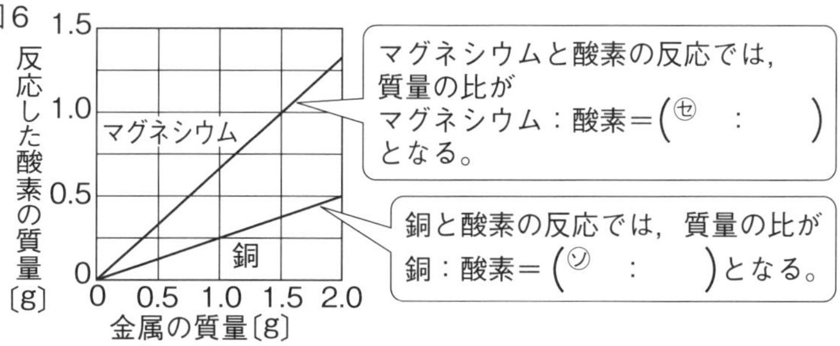
1.5
1.0
0.5
0
反応した酸素の質量〔g〕
マグネシウム
銅
0 0.5 1.0 1.5 2.0
金属の質量〔g〕
マグネシウムと酸素の反応では，質量の比がマグネシウム：酸素＝(㋝　：　)となる。
銅と酸素の反応では，質量の比が銅：酸素＝(㋞　：　)となる。

(3) 反応する物質の過不足　決まった質量の比で反応が進むが，少ない方の物質がすべて反応すると，反応はそれ以上進まなくなり，多い方の物質が反応せずにそのまま残る。

満点ミッション

⑦**炭酸カルシウム**
炭酸ナトリウム水溶液と塩化カルシウム水溶液を混ぜるとできる，白い沈殿。

⑧**酸化銅**
銅の酸化物。銅原子と酸素原子が１：１の数の割合で集まってできる化合物。

ポイント
反応前の物質の質量比がわかれば，反応後にできる物質の質量比も求められる。
$2Cu + O_2 \rightarrow 2CuO$
4 : 1 : 5 (4＋1)
$2Mg + O_2 \rightarrow 2MgO$
3 : 2 : 5 (3＋2)

ポイント
化学反応式は，過不足なく反応したときの，物質の分子や原子の個数の関係を表している。

テストに出る！
予想問題

3章　化学変化と熱の出入り
4章　化学変化と物質の質量

🕐 30分

/100点

1 化学変化による温度変化を調べるため，下の図のように，それぞれの物質を反応させた後，30秒おきに温度を測定した。これについて，あとの問いに答えなさい。　　3点×6〔18点〕

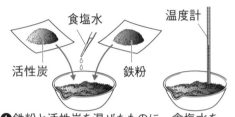

❶鉄粉と活性炭を混ぜたものに，食塩水を数滴加えてから，よく混ぜた。

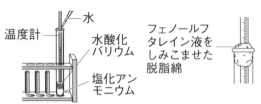

❷塩化アンモニウムと水酸化バリウムを順に入れたものに水を数滴加えて，フェノールフタレイン液をしみこませた脱脂綿でふたをした。

📝記述 (1) ❷で，フェノールフタレイン液をしみこませた脱脂綿は赤色になった。この理由を，発生した気体名と，その気体の性質にふれて書きなさい。

（　　　　　　　　　　　　　　　　　　　　　　　　　　　　　）

(2) ❶と❷で，温度はどうなるか。次のア〜ウから選びなさい。　❶（　　）　❷（　　）

　　ア　上がる。　　　イ　下がる。　　　ウ　変化しない。

(3) (2)のような結果になるのは，化学変化で何が出入りするからか。（　　　　　　　）

(4) (3)の出入りから，❶，❷のような反応をそれぞれ何というか。

　　　　　　　　　　　　　　❶（　　　　　　　　）　❷（　　　　　　　　）

よく出る **2** 銅の粉末を加熱し，加熱前の銅の質量と，できた化合物の質量の関係を，右の図のようにグラフに表した。これについて，次の問いに答えなさい。　　4点×9〔36点〕

📝記述 (1) ある質量の銅の粉末を何回か加熱したところ，あるところからは質量が変化しなくなった。この理由を書きなさい。

（　　　　　　　　　　　　　　　　　）

(2) 銅と空気中の酸素が反応してできた化合物は何か。

　　　　　　　　　　（　　　　　　　　）

(3) この実験で起きた化学変化を，化学反応式で表しなさい。

　　　　　　　（　　　　　　　　　　　）

(4) 銅2.0gから(2)の化合物は何gできるか。（　　　　　　）

(5) 銅2.0gと反応した酸素の質量は何gか。

　　　　　　　　　（　　　　　　）

(6) 銅と，反応する酸素の質量の比を書きなさい。　　　銅：酸素＝（　　：　　）

(7) 銅24gと酸素8 gを反応させたとき，銅と酸素のどちらが残るか。（　　　　　）

(8) (7)で残った物質の質量は何gか。（　　　　　　）

(9) (7)でできた，(2)の化合物の質量は何gか。（　　　　　　）

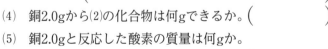

3 下の図のように，それぞれの化学変化の前後における，物質の質量の変化を調べた。これについて，あとの問いに答えなさい。

4点×7〔28点〕

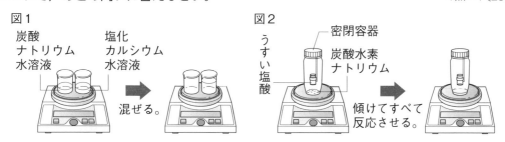

図1　炭酸ナトリウム水溶液　塩化カルシウム水溶液　混ぜる。

図2　密閉容器　炭酸水素ナトリウム　うすい塩酸　傾けてすべて反応させる。

(1) 図1で，2つの水溶液を混ぜたときに生じる沈殿は，何という物質か。
（　　　　　）

(2) 図1で，化学変化後の全体の質量は，化学変化前の全体の質量と比べて，どうなっているか。
（　　　　　）

(3) 図2で発生する気体を化学式で答えなさい。
（　　　　　）

(4) 図2で，化学変化後の全体の質量は，化学変化前の全体の質量と比べて，どうなっているか。
（　　　　　）

(5) 化学変化の前後で，反応に関係する物質全体の質量が，(2)や(4)のようになることを何の法則というか。
（　　　　　）

(6) 図2で，化学変化後に密閉容器のふたを開けたあと，全体の質量を再びはかると，化学変化前に比べてどうなっているか。
（　　　　　）

記述 (7) (6)のようになる理由を簡単に書きなさい。
（　　　　　）

4 マグネシウムを加熱し，加熱前のマグネシウムの質量と，加熱後に増加した質量の関係を右の図のようにグラフに表した。これについて，次の問いに答えなさい。

3点×6〔18点〕

(1) マグネシウムと空気中の酸素が反応してできた化合物は何か。
（　　　　　）

(2) マグネシウム0.6gと反応した酸素の質量は何gか。
（　　　　　）

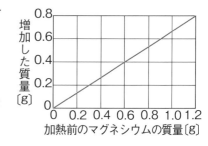
縦軸：増加した質量〔g〕　横軸：加熱前のマグネシウムの質量〔g〕

(3) マグネシウムと，反応する酸素の質量の比を書きなさい。
マグネシウム：酸素＝（　　：　　）

(4) マグネシウム0.6gから，(1)の化合物は何gできるか。
（　　　　　）

(5) マグネシウムと，できた(1)の化合物の質量の比を書きなさい。
マグネシウム：(1)の化合物＝（　　：　　）

(6) マグネシウムから(1)の化合物を15g得るには，酸素は何g必要か。　（　　　　　）

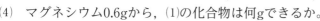

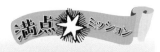

1章　生物をつくる細胞

テストに出る！ ココが要点　解答 p.5

① 生物の体をつくっているもの　[教] p.84～p.89

[1] 顕微鏡の使い方

(1)　顕微鏡の倍率＝(①　　　　)の倍率×(②　　　　)の倍率

図1

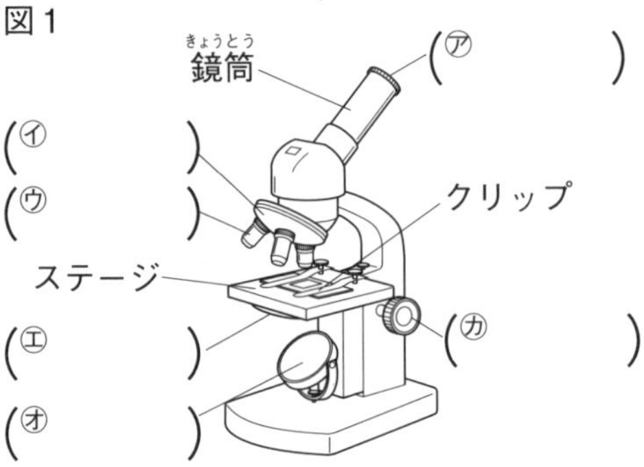

❶　接眼レンズをのぞきながら，反射鏡としぼりを調節して明るくする。

❷　横から見ながら，調節ねじを回し，プレパラートと対物レンズをできるだけ近づける。

❸　接眼レンズをのぞいて，プレパラートと対物レンズを遠ざけながら，ピントを合わせる。

(2)　対物レンズを高倍率にしたとき　図2

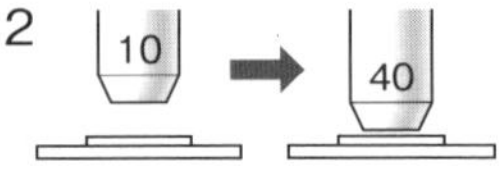

レンズと(③　　　　)との距離が近くなる。また，視野全体が暗くなるので，しぼりと反射鏡で明るさを調節する。

[2] 細胞のつくり

(1)　植物と動物の細胞に共通するつくり

- (④　　　　)…1つの細胞に1つある。(⑤　　　　)や酢酸オルセイン液などの染色液に染まりやすい。
- (⑥　　　　)…細胞の一番外側のうすい膜。
- (⑦　　　　)…細胞の核のまわりの部分。

(2)　植物の細胞に特徴的なつくり

- (⑧　　　　)…細胞膜の外側にある丈夫なつくり。
- (⑨　　　　)…緑色の小さな粒。
- 液胞…貯蔵物質や不要な物質が含まれる液を蓄えている。

図3

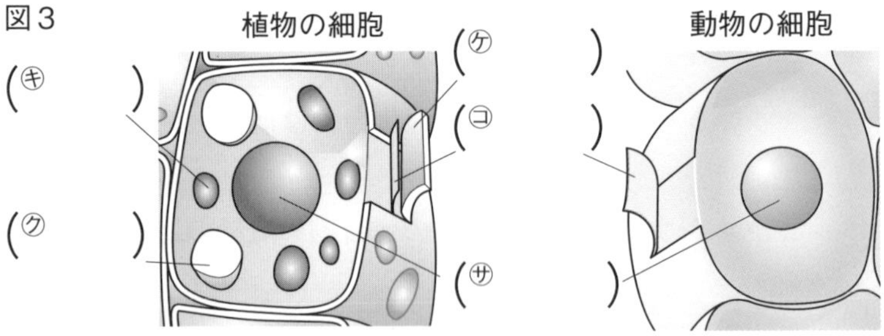

満点★ミッション

①接眼レンズ
図1の㋐。レンズは，接眼レンズ，対物レンズの順にとりつける。

②対物レンズ
図1の㋒。いちばん低倍率のものから使う。

③プレパラート
スライドガラスに観察物をのせ，カバーガラスをかけたもの。つくるときは，空気の泡が入らないように注意する。

④核
図3の㋚。

⑤酢酸カーミン液
細胞の核を染める染色液。

⑥細胞膜
図3の㋙。

⑦細胞質
核以外の部分。

⑧細胞壁
図3の㋘。植物の体を支える役割がある。

⑨葉緑体
図3の㋖。緑色の粒。

3 生物の基本単位

● (⑩   )…(⑪   )を使って，養分から生命活動のための**エネルギー**をとり出すはたらき。同時に，**水**と
(⑫   )などができる。細胞一つ一つで行われている。

図4

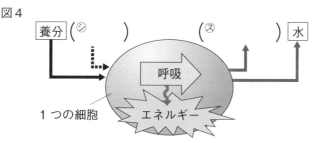

1つの細胞
エネルギー
養分（シ　　　　　　）（ス　　　　　）水
呼吸

② **細胞と生物の体**

教 p.90〜p.93

1 単細胞生物と多細胞生物

(1) (⑬   ) 1つの細胞だけで体が構成されている生物。1つの細胞の中に，運動したり，養分をとり入れたりするしくみが備わっている。

(2) (⑭   ) 多くの細胞で体が構成されている生物。

図5● 身近な水中の生物 ●

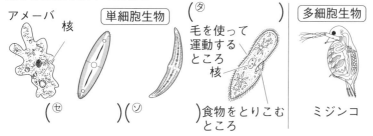

アメーバ　核　単細胞生物
(タ　　　　　　)
毛を使って運動するところ
核
(セ　　　)(ソ　　)
食物をとりこむところ
多細胞生物
ミジンコ

2 多細胞生物の体の成り立ち

(1) (⑮   ) 形やはたらきが同じ**細胞**が集まった部分。

(2) (⑯   ) **組織**が集まり，特定のはたらきする部分。

図6

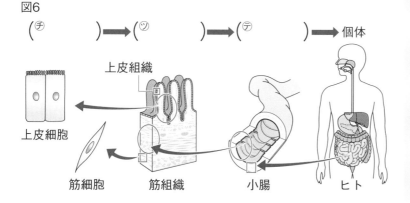

(チ　　　　　)➡(ツ　　　　　)➡(テ　　　　　)➡個体

上皮組織
上皮細胞
筋細胞　筋組織　小腸　ヒト

⑩**細胞の呼吸**
酸素を使って，養分（有機物）からエネルギーをとり出すはたらき。

⑪**酸素**
空気の約20%を占める気体。

⑫**二酸化炭素**
細胞の呼吸で放出される気体。

ポイント
細胞の呼吸を内呼吸ともいう。これに対して，動物が肺やえら，皮ふで行う呼吸を，外呼吸といって，区別している。

⑬**単細胞生物**
体が1つの細胞で構成されている生物。

⑭**多細胞生物**
体が多数の細胞で構成されている生物。

⑮**組織**
形やはたらきが同じ細胞の集まり。

⑯**器官**
数種類の組織の集まり。互いに関わり合って，生物体（個体）の生命活動を調整・維持している。

テストに出る！
予想問題　1章　生物をつくる細胞

⏱30分　/100点

よく出る **[1]** 右の図１のような，ステージ上下式の顕微鏡を用いた観察について，次の問いに答えなさい。
3点×10〔30点〕

図１

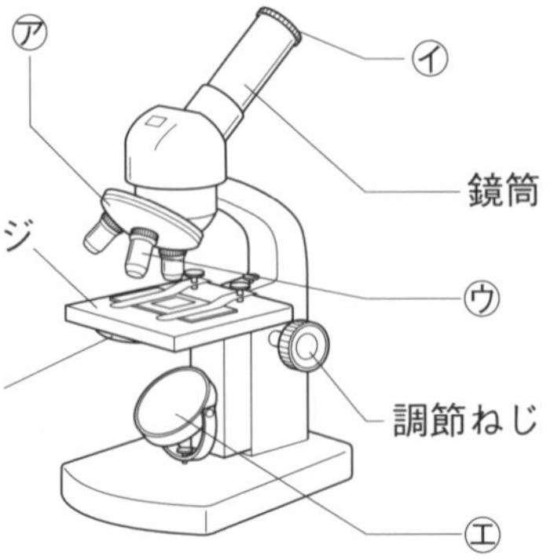

(1) 図の㋐～㋓の部分をそれぞれ何というか。

㋐(　　　　　　)　㋑(　　　　　　)
㋒(　　　　　　)　㋓(　　　　　　)

(2) 次のア～エの操作を，顕微鏡の正しい使い方の手順に並べ，記号で答えなさい。

(　　→　　→　　→　　)

ア　㋑をのぞき，調節ねじを回し，プレパラートと㋒を遠ざけながら，ピントを合わせる。
イ　プレパラートをステージにのせる。
ウ　㋑をのぞきながら，㋓としぼりを調節して，視野が一様に明るくなるようにする。
エ　横から見ながら，調節ねじを回し，プレパラートと㋒をできるだけ近づける。

(3) 顕微鏡の接眼レンズには「15×」，対物レンズには「10」と書かれていた。このときの顕微鏡の倍率は何倍か。　(　　　　)

(4) 顕微鏡の倍率を高くすると，視野の明るさはどうなるか。　(　　　　)

(5) 図２は，プレパラートをつくるときのようすである。A，Bのガラスの名前を答えなさい。

図２

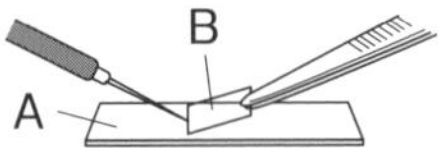

A(　　　　　　)　B(　　　　　　)

記述 (6) プレパラートをつくるときに，Bを端(はし)からゆっくりかぶせるのはなぜか。
(　　　　　　　　　　　　　　　　　　　　)

[2] 右の図は，タマネギの表皮とヒトの頬(ほお)の内側の細胞を顕微鏡で観察したものである。これについて，次の問いに答えなさい。
2点×6〔12点〕

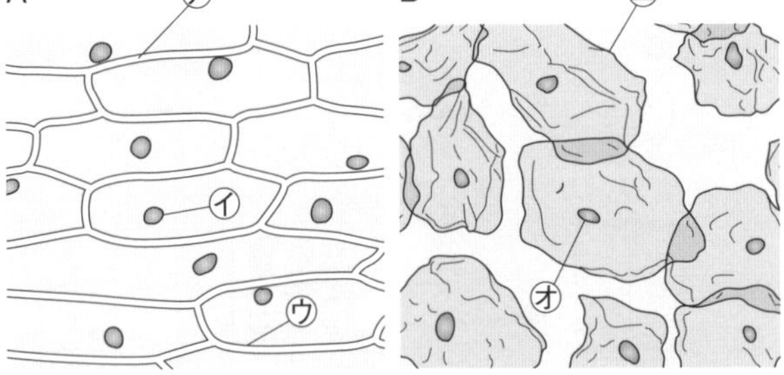

(1) タマネギの表皮を観察したものは，A，Bのどちらか。　(　　)

(2) ㋐，㋒，㋔の名称(めいしょう)をそれぞれ答えなさい。

㋐(　　　　　)
㋒(　　　　　)
㋔(　　　　　)

(3) この観察をするとき，ある薬品を使い細胞を染色(せんしょく)した。この薬品は何か。　(　　　　　)

(4) (3)の薬品によって，細胞のどの部分がよく染まるか。図の㋐～㋔からすべて選びなさい。
(　　　　　)

よく出る **3** 下の図は，植物と動物の細胞を模式的（もしきてき）に示したものである。これについて，あとの問いに答えなさい。　4点×10〔40点〕

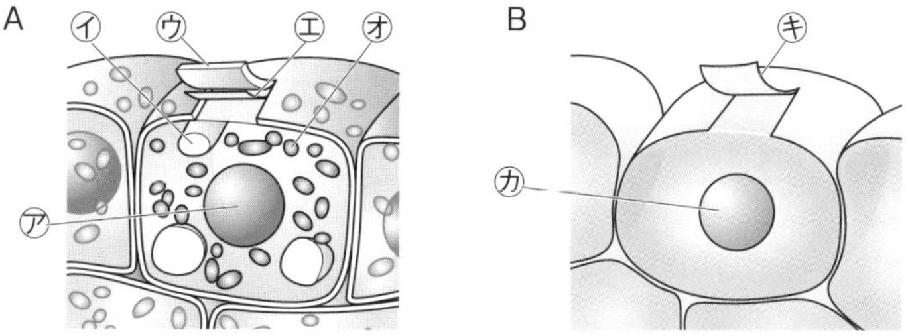

⑴　植物の細胞にだけ見られるつくりは何か。その名称を3つ答えなさい。
（　　　　）（　　　　）（　　　　）

⑵　動物の細胞を表しているのは，A，Bのどちらか。　（　　）

⑶　㋐や㋕のまわりの部分を何というか。　（　　　　）

⑷　次の①～⑤で述べられている部分を，図の㋐～㋖からすべて選びなさい。

①　丈夫なつくりで，植物の体を支えるのに役立つ。　（　　　　）

②　ふつう，どの細胞にも1つある。　（　　　　）

③　緑色をしている，小さな粒である。　（　　　　）

④　貯蔵物質や不要な物質を含む液を蓄えている。　（　　　　）

⑤　うすい膜になっていて，細胞を包んでいる。　（　　　　）

4 下の図1は，池に見られた生物を，図2は，ムラサキツユクサの体の成り立ちを表したものである。これについて，あとの問いに答えなさい。　2点×9〔18点〕

図1

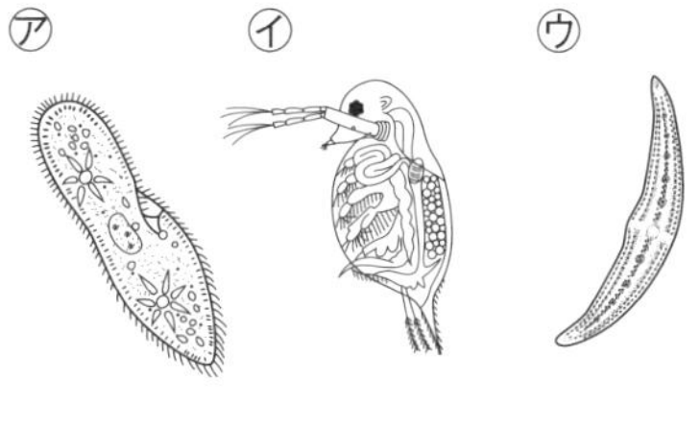

図2

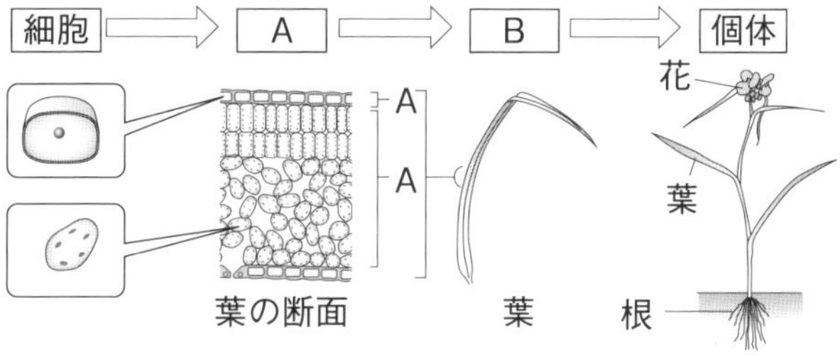

⑴　図1の㋐～㋒の生物の名称を答えなさい。
㋐（　　　　）　㋑（　　　　）　㋒（　　　　）

⑵　図2のムラサキツユクサのように，多数の細胞で体が構成されている生物を何というか。また，図1で同じ生物に分類されるのは㋐～㋒のどれか。（　　　　）　図1（　　）

⑶　⑵に対して，1つの細胞で体が構成されている生物を何というか。（　　　　）

⑷　図2で，形やはたらきが同じ細胞が集まった部分Aを何というか。　（　　　　）

⑸　図2で，葉のように，Aが集まって特定のはたらきをするBを何というか。
（　　　　）

⑹　ヒトの心臓，胃，小腸などは，図2のA，Bのどちらに相当するか。　（　　）

2章　植物の体のつくりとはたらき

テストに出る！ **ココが要点**　解答 p.5

① 葉のはたらきとつくり　[教] p.94～p.107

1 光合成(こうごうせい)

(1) (① 　　　　) 植物が光のエネルギーを使って，水と(② 　　　　)から，デンプンなどをつくり出し，(③ 　　　　)を出すはたらき。細胞の中の(④ 　　　　)で行われる。

図1
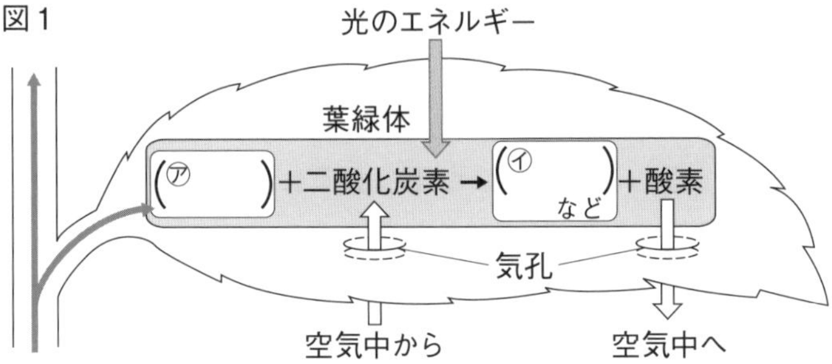
光のエネルギー
葉緑体
(㋐ 　)+二酸化炭素→(㋑ 　など)+酸素
気孔
空気中から
空気中へ

2 呼吸(こきゅう)と光合成

(1) (⑤ 　　　　) 酸素をとり入れ，二酸化炭素を出すはたらき。動物と同じように1日中行われる。

(2) 呼吸と光合成　昼は，呼吸よりも光合成が盛んに行われるため，二酸化炭素をとり入れ，酸素を出しているだけのように見える。

図2
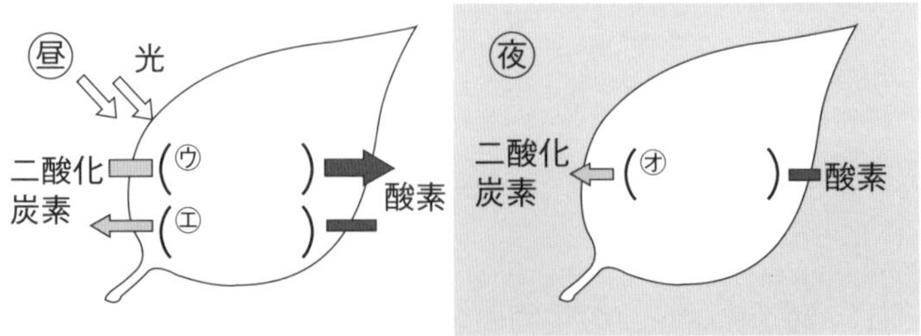
[昼]
光
二酸化炭素
(㋒ 　)
(㋓ 　)
酸素
[夜]
二酸化炭素
(㋔ 　)
酸素

3 蒸散(じょうさん)

(1) (⑥ 　　　　) 根から吸収された水が，水蒸気となって，体の外に出ていくこと。昼に盛んに行われる。

(2) (⑦ 　　　　) 表皮にある2つの三日月形の細胞に囲まれた穴。蒸散と，酸素・二酸化炭素の出入りが行われる。

図3
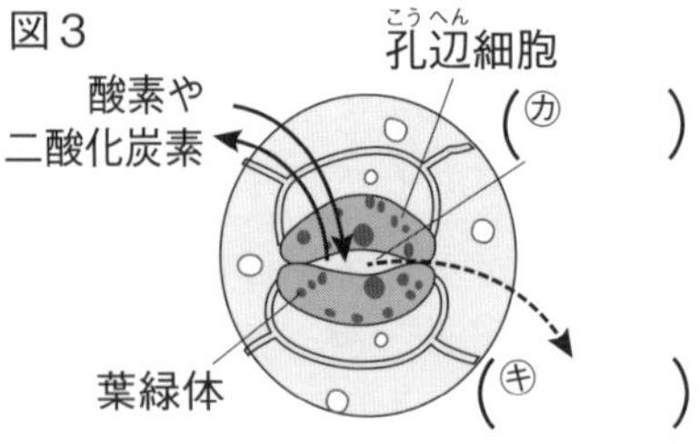
孔辺細胞(こうへん)
酸素や
二酸化炭素
(㋕ 　)
葉緑体
(㋖ 　)

満点ミッション

①光合成
植物が，光を受けて，デンプンなどの養分と酸素をつくるはたらき。

②二酸化炭素
光合成の原料の1つ。有機物が燃焼すると発生する気体。

③酸素
物質が燃えるのを助けるはたらきがある。細胞の呼吸では，養分からエネルギーをとり出すために使われる。

④葉緑体
植物の細胞の中に見られる緑色の粒。

⑤呼吸
酸素をとり入れて，二酸化炭素を放出するはたらき。

⑥蒸散
根から吸い上げられた水が，植物の体から水蒸気になって出ていくこと。

⑦気孔(きこう)
2つの孔辺細胞に囲まれた穴。水蒸気の出口。酸素と二酸化炭素の出入り口。

ココが要点の答えになります。

4 葉のつくり

(1) (⑧　　　　　　　) 根で吸収された<u>水</u>や無機養分の通り道。

(2) (⑨　　　　　　　) 光合成によってつくられた<u>養分</u>の通り道。

(3) (⑩　　　　　　　) 道管と師管の集まり。

図4 ●葉の断面●

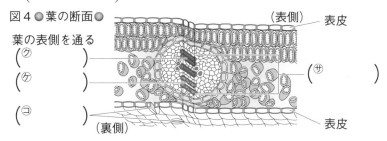

葉の表側を通る
(ク　　　　　)
(ケ　　　　　)
(コ　　　　　)
（表側）表皮
（裏側）
(サ　　　　　　　)
表皮

② 茎・根のつくりとはたらき 　教 p.108〜p.111

1 茎・根の維管束

図5 ●茎のつくり●

図6 ●根のつくり●

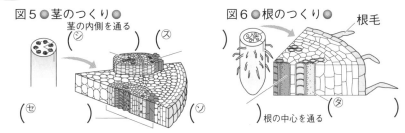

茎の内側を通る
(シ　) (ス　)
(セ　) (ソ　)
根毛
根の中心を通る
(タ　)

2 茎と根のはたらき

(1) 茎　葉・根と<u>維管束</u>でつながり，水や養分の通り道となる。

(2) 根　先端部分の多数の<u>根毛</u>から，水と<u>無機養分</u>を吸収する。

③ 葉・茎・根のつながり 　教 p.112〜p.113

図7 ●植物のはたらきと物質の移動●

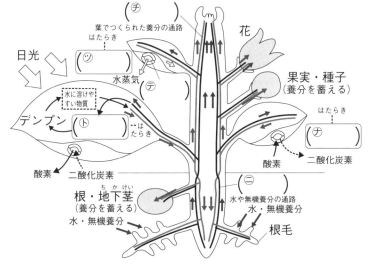

葉でつくられた養分の通路
はたらき
(チ　　　　)
日光
(ツ　)
水蒸気
水に溶けやすい物質
デンプン
(ト　) --はたらき
(テ　)
花
果実・種子
（養分を蓄える）
はたらき
(ナ　)
酸素
二酸化炭素
酸素
二酸化炭素
根・地下茎
（養分を蓄える）
水・無機養分
(ニ　)
水や無機養分の通路
水・無機養分
根毛

満点★ミッション

⑧<u>道管</u>
根から吸収された水と水に溶けた無機養分（肥料）の通路。

⑨<u>師管</u>
光合成によってつくられた養分の通路。デンプンなどの養分は，水に溶けやすい物質に変えられてから運ばれる。

⑩<u>維管束</u>
道管と師管が集まった部分。

ポイント

根毛が無数に生えていることで，土と接する表面積が広くなり，効率よく水や無機養分が吸収される。

ポイント

デンプンは，水に溶けやすい物質に変えられてから，師管を通して運ばれる。細胞の呼吸にすぐに使われない分は，再びデンプンにされて，種子やいもに貯蔵される。

解答 p.5

テストに出る！

予想問題　2章　植物の体のつくりとはたらき－①

30分

/100点

1 オオカナダモを使って，下の図1の手順で実験を行った。図2は，図1の❸で観察した細胞をスケッチしたものである。これについて，あとの問いに答えなさい。　5点×4〔20点〕

図1

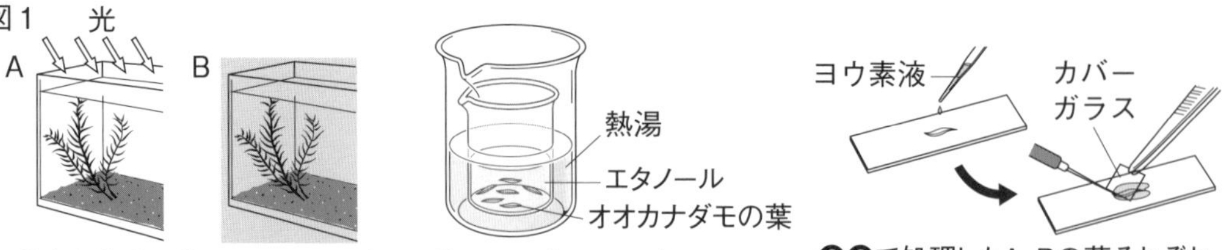

❶光を十分に当てたオオカナダモ(A)と，光を当てなかったオオカナダモ(B)を用意した。

❷A，Bの葉をそれぞれとり，あたためたエタノールにひたした後，水ですすいだ。

❸❷で処理したA，Bの葉それぞれに，ヨウ素液を1滴(てき)たらしてカバーガラスをかけ，顕微鏡で観察した。

記述 (1) ❷で，エタノールにひたすのはなぜか。
(　　　　　　　　　　　　　　)

(2) 図2は，A，Bどちらの葉のスケッチか。　(　　)

(3) 図2で，㋐でつくられた物質は何か。　(　　　　)

(4) この実験から，光合成は，細胞の㋐に光が当たることで行われることがわかった。㋐を何というか。　(　　　　)

図2

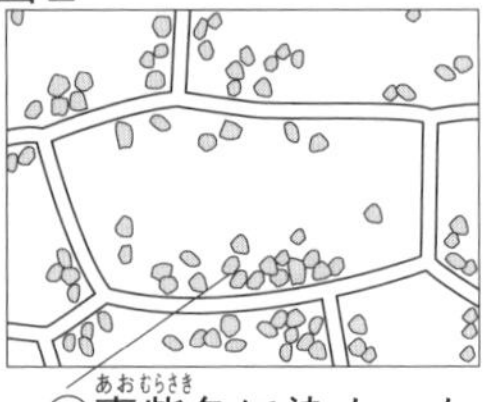

㋐青紫色(あおむらさき)に染まった。

よく出る **2** オオカナダモを使って，下の❶，❷の手順で実験を行った。表は，実験の結果についてまとめたものである。これについて，次の問いに答えなさい。　4点×7〔28点〕

(1) ❶でBTB液に溶けた気体は何か。　(　　　　)

(2) 実験の結果，試験管AのBTB液の性質はどのように変化したか。酸性・アルカリ性・中性で答えなさい。
(　　　　から　　　　)

記述 (3) (2)のように，試験管AのBTB液が変化した理由を，オオカナダモのはたらきにふれて書きなさい。
(　　　　　　　　　　　　　　)

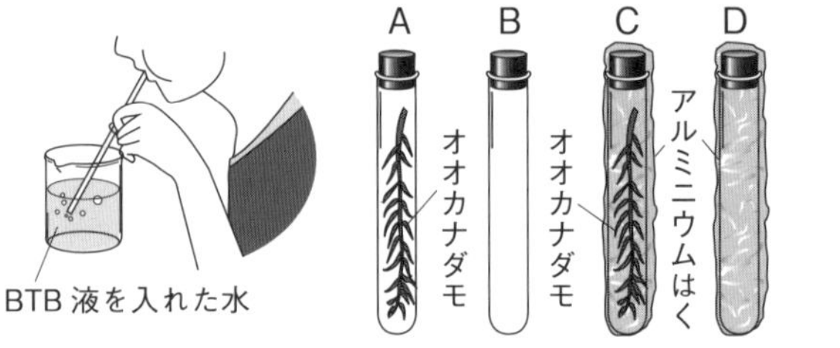

❶青色のBTB液に息をふきこみ黄色にして，4本の試験管にそれぞれ同量入れ，A～Dとした。

❷AとCに同じ大きさのオオカナダモを入れ，CとDをアルミニウムはくで覆(おお)い，20～30分間光を当てた後で，BTB液の色の変化を調べた。

	A	B	C	D
BTB液の色	青色	黄色	黄色	黄色

(4) この実験で，次のことを確かめるには，試験管A～Dのどれとどれを比べるとよいか。

① 試験管Aの色の変化には，オオカナダモのはたらきが関係している。　(　　と　　)

② 試験管Aの色の変化には，光が関係している。　(　　と　　)

③ 光を当てただけでは，試験管の色が変化しない。　(　　と　　)

(5) (4)で，調べたい条件以外を同じにして行う別の実験を何というか。　(　　　　)

3 右の図は，植物のあるはたらきについてまとめたものである。これについて，次の問いに
答えなさい。　　　　　　　　3点×8〔24点〕

(1) 図のように，光が当たったときに行われる，植物のはたらきを何というか。
（　　　　　　　）

(2) 図の㋐〜㋓にあてはまる物質名を，それぞれ答えなさい。

㋐（　　　　　）　㋑（　　　　　）　㋒（　　　　　）　㋓（　　　　　）

(3) 図のA，Bの管の名前を，それぞれ答えなさい。　A（　　　　　）　B（　　　　　）

(4) 葉の表皮にある気体が出入りする穴Cを何というか。（　　　　　）

4 下の図のような実験を行った。表は，❷で調べた気体の体積の割合をまとめたものである。
これについて，あとの問いに答えなさい。　　　　　4点×3〔12点〕

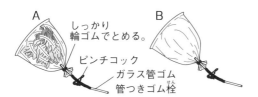

❶ポリエチレンの袋A，Bを用意し，Aには
ホウレンソウを入れて，A，Bの口を閉じた。

❷A，Bそれぞれの袋の中の酸素と二酸化炭素の
割合を気体検知管で調べてから，数時間暗室に
置き，3時間後も同様に気体の割合を調べた。

記述 (1) 袋Bを用意した理由を書きなさい。
（　　　　　　　　　　　）

(2) 右の表で，酸素の割合を示しているのは，
㋐，㋑のどちらか。　　（　　　　）

(3) この実験で，暗室に置いたホウレンソウで行われたはたらきは何か。（　　　　）

	袋A		袋B	
	㋐	㋑	㋐	㋑
実験前	20.80%	0.04%	20.80%	0.04%
3時間後	18.30%	0.18%	20.80%	0.04%

5 右の図は，昼や夜に植物の体に出入
りする気体のようすを模式的に表して
いる。これについて，次の問いに答え
なさい。　　　　　　4点×4〔16点〕

(1) 夜の植物のようすは，図の㋐，㋑
のどちらか。　　　（　　　）

(2) 図のX，Yのはたらきを何というか。　X（　　　　　）　Y（　　　　　）

(3) 図の㋑のとき，植物の体に出入りする気体について正しく述べているものを，次のア〜
ウから選びなさい。　　　　　　　　　　　　　　　　　　　　　（　　　）

ア　全体として，酸素をとり入れ，二酸化炭素を出しているように見える。

イ　全体として，二酸化炭素をとり入れ，酸素を出しているように見える。

ウ　全体として，とり入れている酸素と二酸化炭素の量はほぼ等しい。

2章　植物の体のつくりとはたらき－②

⏱30分

/100点

1 植物の蒸散について調べるため，アジサイの葉を使って，下の図の❶～❸の手順で実験を行った。これについて，あとの問いに答えなさい。　　　　　　　　　　　4点×4〔16点〕

アジサイの葉

水槽

シリコンチューブ

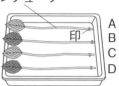

シリコンチューブ

印

A
B
C
D

❶同じ大きさのアジサイの葉4枚をA～Dとし，それぞれ表のように，ワセリンを塗った。

❷水槽の中で，水を満たしたシリコンチューブに，A～Dをそれぞれつないだ。

❸葉の表側を上にして，バットに並べて置き，それぞれ水の位置にテープで印をつけた。5分後に，水の位置の変化を測定した。

📝記述 (1) この実験で，葉にワセリンを塗るのはなぜか。

(　　　　　　　　　　　　　　　　　　　　　)

(2) 実験の結果から，アジサイの気孔は，葉の表側よりも裏側に多いことがわかった。このことは，A～Dのどの2つの結果を比べて確かめられたか。　　　(　　　と　　　)

(3) 5分後の水の位置の変化が最大のものと最小のものを，A～Dから選びなさい。

最大(　　　)　最小(　　　)

	ワセリンを塗るところ
A	葉の表側だけ塗る。
B	葉の裏側だけ塗る。
C	葉の表側と裏側に塗る。
D	何も塗らない。

2 下の図1のような処理をして実験を行った。図2は，その観察結果である。これについて，あとの問いに答えなさい。　　　　　　　　　　　　　　　　4点×6〔24点〕

図1　ホウセンカ　　　トウモロコシ

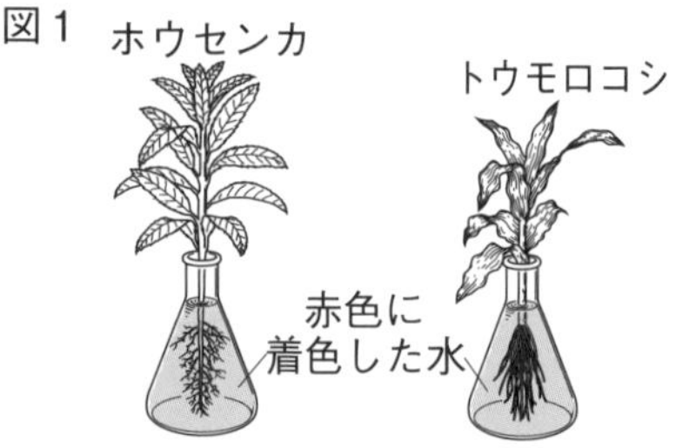

赤色に着色した水

ホウセンカとトウモロコシを赤色に着色した水にさし，3時間置いた。その後，それぞれの茎を輪切りにして，顕微鏡で観察した。

図2

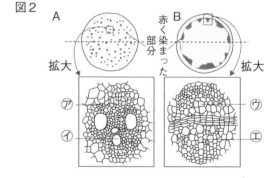

A

B

赤く染まった部分

拡大

拡大

㋐

㋑

㋒

㋓

(1) 図2で，トウモロコシの茎の断面はA，Bのどちらか。　　　　　　(　　　)

(2) 図2のA，Bで，赤色に着色した水が通る管を㋐～㋓から，それぞれ選びなさい。ただし，□の部分の上下の向きはそのままである。　　　A(　　　)　B(　　　)

(3) (2)の管を何というか。(　　　　　　)

(4) 図2の点線で，A，Bの茎を縦に切ったときの断面の模式図を，右の㋐～㋓から選びなさい。　A(　　　)B(　　　)

あ

い

う

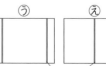

え

赤く染まった部分　　　　　　赤く染まった部分

③ 下の図は，ある植物の根・茎・葉のつくりを模式的に表したものである。これについて，あとの問いに答えなさい。　　　　　　　　　　　　　　　　　4点×10〔40点〕

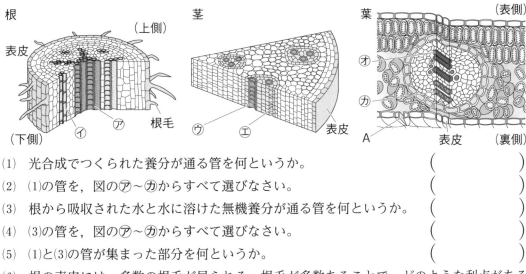

根　　　　　　　（上側）
表皮
根毛
（下側）　　　イ　　ア

茎
ウ　　エ　　表皮

葉　　　　　　　　　　　（表側）
オ
カ
A　　　　　　　表皮　　（裏側）

(1) 光合成でつくられた養分が通る管を何というか。　　　（　　　　　　　）

(2) (1)の管を，図のア～カからすべて選びなさい。　　　（　　　　　　　）

(3) 根から吸収された水と水に溶けた無機養分が通る管を何というか。（　　　　　）

(4) (3)の管を，図のア～カからすべて選びなさい。　　　（　　　　　　　）

(5) (1)と(3)の管が集まった部分を何というか。　　　　　（　　　　　　　）

記述 (6) 根の表皮には，多数の根毛が見られる。根毛が多数あることで，どのような利点があるか，書きなさい。

（　　　　　　　　　　　　　　　　　　　　　　　　　　　　　　）

(7) 図の葉の表皮に見られる，2つの三日月形の細胞に囲まれた穴Aを何というか。

（　　　　　　　　　　　）

(8) Aで起こる現象について説明した次の文の（　）にあてはまる言葉を書きなさい。

①（　　　　　　　）　②（　　　　　　　）　③（　　　　　　　）

> 植物の体の中の水が（ ① ）となって，Aから空気中に出ていくことを（ ② ）という。
> （②）で失った分だけ，（ ③ ）からの水の吸収が促される。

④ 右の図は，植物の葉でつくられた物質の移動を表している。これについて，次の問いに答えなさい。　　　4点×5〔20点〕

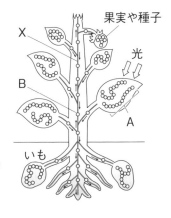

X
果実や種子
光
B
A
いも

(1) 光合成でつくられる物質Aを何というか。（　　　　　　　）

(2) 図の管Xを何というか。　　　　　　　　（　　　　　　　）

記述 (3) (2)の管を通る物質Bは，物質Aをどのような物質に変えたものか。

（　　　　　　　　　　　　　　　　　　　　　　　　　　　　）

(4) 物質Bは，体の各部に運ばれると，酸素を使って生命活動のエネルギーがとり出される。このはたらきを何というか。

（　　　　　　　　　）

(5) 物質Bは，再び物質Aとなり種子に蓄えられる。種子に蓄えられた物質Aは，主に何のときのエネルギー源となるか。

（　　　　　　　　　）

3章　動物の体のつくりとはたらき(1)

満点ミッション

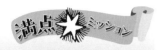

①消化
養分を分解して，吸収されやすい物質にすること。

②消化器官
食物のとり込み，消化，吸収，養分の貯蔵などを行う器官。

③消化管
口→食道→胃→小腸→大腸→肛門と続く，消化に関わる器官のつながり。

④消化酵素
消化液に含まれて，養分を分解するはたらきをもつ物質。だ液中のアミラーゼや，胃液中のペプシンなど。

⑤消化液
食物の養分を分解するはたらきをもつ液。だ液，胃液，すい液など。

⑥吸収
分解された食物の養分を体内にとりこむはたらき。

⑦肺胞
図2の㋗。毛細血管が網の目のように張り巡らされている。

テストに出る！　ココが要点　解答 p.7

① 消化と吸収

教 p.114〜p.123

1 消化

(1) (①　　　　) 食物に含まれる養分を分解するはたらき。
- (②　　　　)…消化に関わる体の器官。
- (③　　　　)…口から肛門まで続く，1本の食物の通り道。

(2) (④　　　　) だ液や胃液などの(⑤　　　　)に含まれ，食物中の養分を分解するはたらきをもつ物質。

2 吸収

(1) (⑥　　　　) 消化された養分を体内にとり入れるはたらき。消化された養分は，小腸の壁の**柔毛**で吸収される。

図1 ● 主な養分の消化と吸収 ●

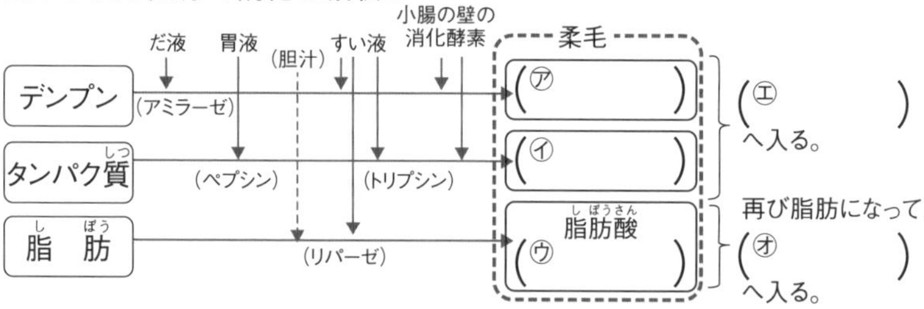

(2) 吸収された養分の行方　全身の細胞に運ばれて，**細胞の呼吸**に使われたり，一部は**肝臓**へ運ばれて貯蔵される。

② 呼吸

教 p.124〜p.125

1 呼吸

(1) 呼吸のしくみ　口や鼻から吸いこまれた空気中の**酸素**が，気管から気管支を通って肺に入り，**二酸化炭素**と交換される。

(2) (⑦　　　　) 肺の気管支の先端にあるうすい膜の袋。

図2

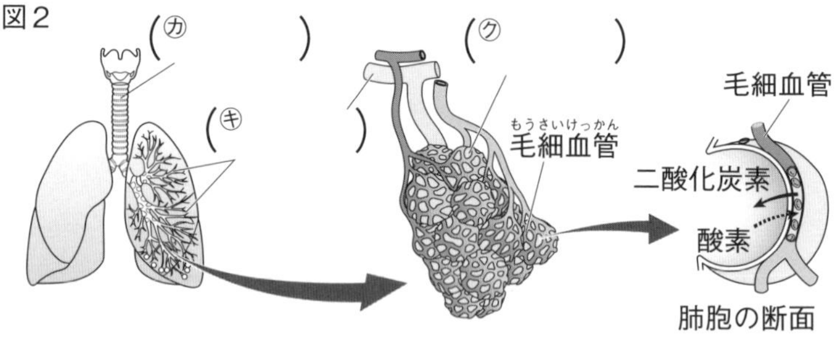

ココが要点の答えになります。

③ 血液とその循環

教 p.126～p.133

満点★ミッション

1 血管と血液

(1) 血管の種類
- (⑧　　　)…心臓から送り出される血液が流れる血管。
- (⑨　　　)…心臓に戻ってくる血液が流れる血管。
- (⑩　　　)…網の目のように体全体に張り巡らされている血管。動脈と静脈をつないでいる。

(2) (⑪　　　)　血液の液体の一部がしみ出したもの。

(3) 血液の成分
- (⑫　　　)…ヘモグロビンを含み，酸素を運搬する。
- (⑬　　　)…体内に入った細菌などをとらえる。
- (⑭　　　)…出血したとき，血液を固める。
- (⑮　　　)…毛細血管からしみ出て組織液となる。

(4) (⑯　　　)　リンパ管に入った組織液。

2 心臓と血液の循環

(1) 心臓のつくりとはたらき　心臓は筋肉でできており，周期的な運動(拍動)によって，全身に血液を送り出している。

(2) 血液の循環
- (⑰　　　)
血液が，心臓から肺以外の全身を回って，心臓に戻る経路。
- (⑱　　　)
血液が，心臓から肺動脈，肺，肺静脈を通って心臓に戻る経路。

図3

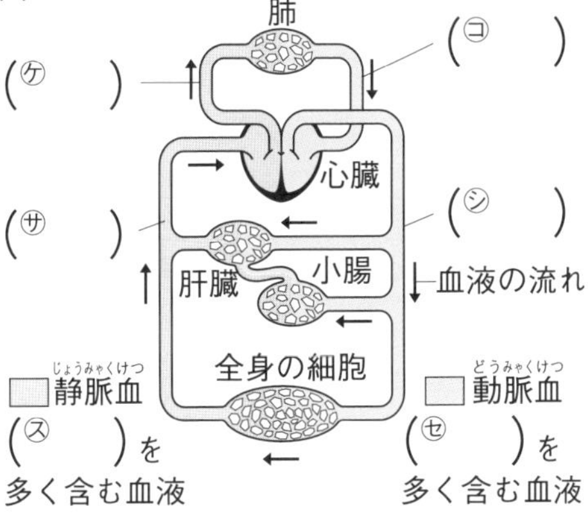

肺　(ケ)　(コ)　心臓　(サ)　(シ)　肝臓　小腸　血液の流れ　全身の細胞　静脈血　動脈血　(ス)を多く含む血液　(セ)を多く含む血液

3 排出

(1) (⑲　　　)　体に不要な物質を体外に出すはたらき。

(2) タンパク質が分解されてできる有害なアンモニアは，肝臓で無害な物質の尿素に変えられ，腎臓で，血液中からとり除かれる。とり除かれたものは，尿としてぼうこうに一時ためられた後，体外に排出される。

図4　静脈　血液　動脈　(チ)　輸尿管　(タ)

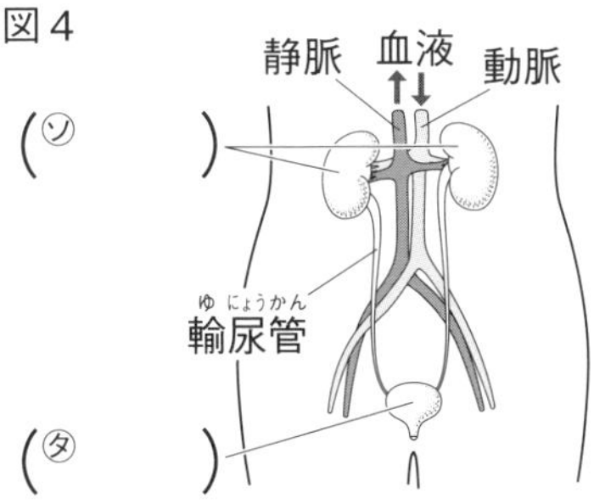

⑧動脈　心臓から血液が送り出される血管。
⑨静脈　心臓へ戻ってくる血液が流れる血管。
⑩毛細血管　網の目のように全身に張り巡らされている細い血管。
⑪組織液　血しょうの一部が毛細血管の壁からしみ出したもの。
⑫赤血球　中央がくぼんだ円盤状の血液の固形成分。
⑬白血球　細菌などをとらえる血液の固形成分。
⑭血小板　出血したときに血液を固める，血液の固形成分。
⑮血しょう　血液の液体成分。
⑯リンパ液　リンパ管に入った組織液。
⑰体循環　心臓→全身→心臓という血液の流れ。
⑱肺循環　心臓→肺→心臓という血液の流れ。
⑲排出　細胞の生命活動で生じた不要な物質を体外に出すはたらき。

27

テストに出る！

予想問題　3章　動物の体のつくりとはたらき(1)－①

30分　/100点

よく出る **1** だ液のはたらきを調べるため，下の図のような実験をした。これについて，あとの問いに答えなさい。
4点×6〔24点〕

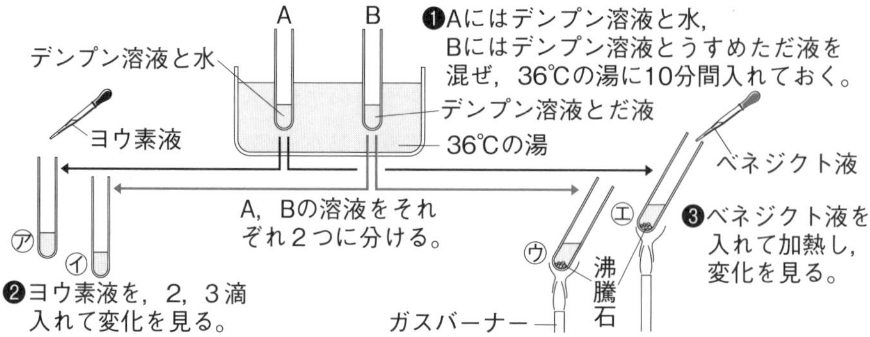
A
B
❶Aにはデンプン溶液と水，Bにはデンプン溶液とうすめただ液を混ぜ，36℃の湯に10分間入れておく。
デンプン溶液と水
デンプン溶液とだ液
ヨウ素液
36℃の湯
ベネジクト液
A，Bの溶液をそれぞれ２つに分ける。
㋐
㋑
㋒
㋓
❷ヨウ素液を，2，3滴入れて変化を見る。
❸ベネジクト液を入れて加熱し，変化を見る。
沸騰石
ガスバーナー

記述 (1) ❶で，湯の温度を36℃にしたのはなぜか。
(　　　　　　　　　　)

(2) ❷で，色が変化したのは㋐，㋑のどちらか。また，何色に変化したか。
記号(　　) 色(　　　　)

(3) ❸で，変化が見られたのは㋒，㋓のどちらか。また，どのように変化したか。
記号(　　) 変化(　　　　)

記述 (4) この実験から，だ液にはどのようなはたらきがあることがわかるか。
(　　　　　　　　　　)

よく出る **2** 右の図は，消化と吸収のようすを示したものである。ただし，㋐～㋔は消化液を，A～Cは分解された物質を表している。次の問いに答えなさい。
2点×9〔18点〕

(1) ㋑，㋓は何という消化液か。
㋑(　　　　) ㋓(　　　　)

(2) 消化液に含まれ，食物を分解するはたらきをもつ物質を何というか。(　　　　)

(3) ㋐，㋑に含まれる(2)の物質をそれぞれ何というか。
㋐(　　　　) ㋑(　　　　)

(4) ㋒には(2)の物質が含まれていない。㋒はどこでつくられるか。(　　　　)

(5) 脂肪，タンパク質，デンプンが分解されたA～Cをそれぞれ何というか。Aについては，2つ答えなさい。

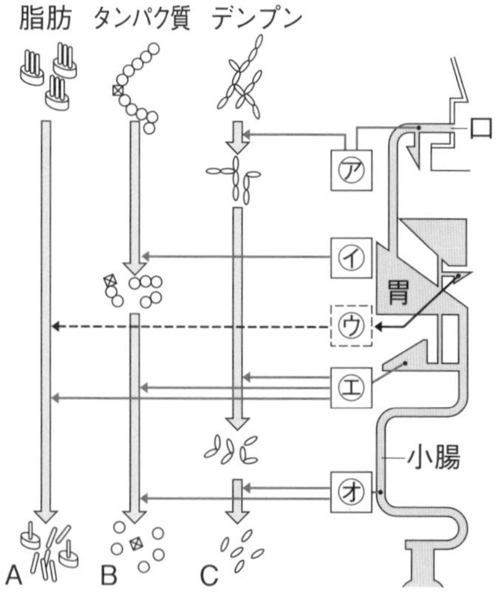
脂肪
タンパク質
デンプン
口
㋐
㋑
胃
㋒
㋓
小腸
㋔
A
B
C

A(　　　　　　) B(　　　　) C(　　　　)

3 右の図は，ヒトのある消化器官の表面のひだに見られるつくりの断面のようすを，模式的に表したものである。次の問いに答えなさい。

4点×7〔28点〕

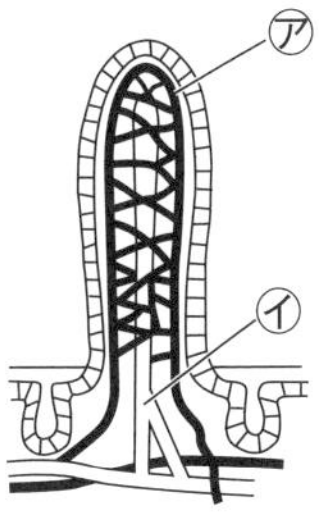

(1) 図のつくりを何というか。（　　　　　）

(2) 図のつくりが見られるのは何という器官か。（　　　　　）

(3) 図のつくりの長さを，次のア〜ウから選びなさい。（　　　）

　　ア　約0.1mm　　イ　約1mm　　ウ　約1cm

(4) 図の㋐，㋑の管を何というか。

　　　　　　　　　　㋐（　　　　　　）㋑（　　　　　　）

(5) 図の㋐，㋑に入る物質を，次のア〜オからすべて選びなさい。

　　　　　　　　　　㋐（　　　　　　）㋑（　　　　　　）

　　ア　ブドウ糖　　イ　脂肪酸　　ウ　アミノ酸　　エ　脂肪　　オ　モノグリセリド

4 下の図1は，ヒトの呼吸に関係する器官を表したものであり，㋒は，㋑が細く枝分かれしたものである。図2は，図1の器官で空気が出し入れされるしくみを考えるためにつくったモデル装置である。あとの問いに答えなさい。

3点×10〔30点〕

図1

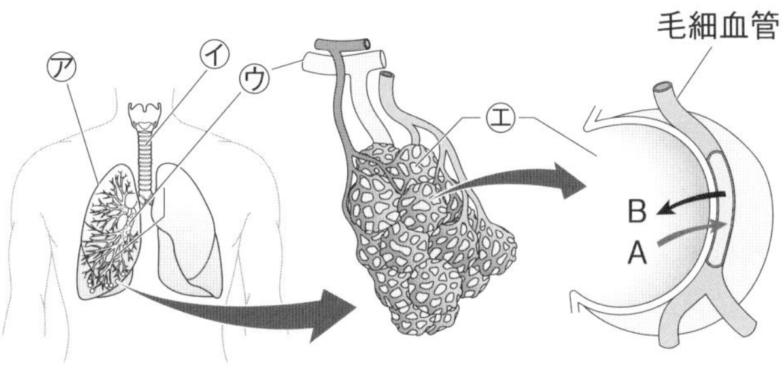

毛細血管

㋐　㋑　㋒　㋓　B　A

図2

ガラス管
ペットボトル
風船
風船㋔

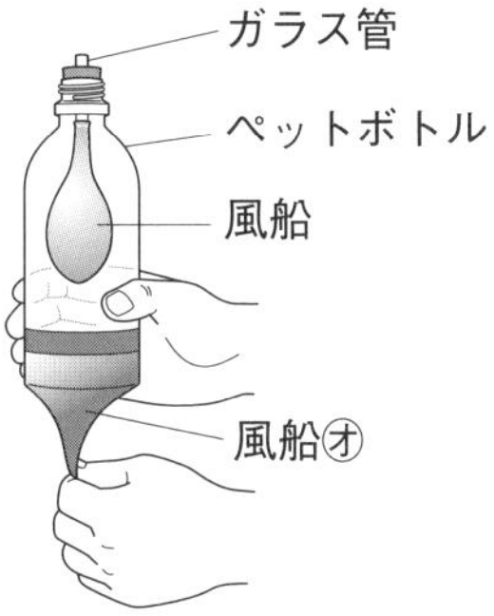

(1) 図1の㋐〜㋒の名称をそれぞれ答えなさい。

　　　　　㋐（　　　　　）㋑（　　　　　）㋒（　　　　　）

(2) ㋐を拡大してみると，細く枝分かれした㋒の先端が㋓のようなうすい膜の袋になっていた。㋓の名称を答えなさい。（　　　　　）

記述 (3) ㋓のようなつくりの利点を書きなさい。

　　（　　　　　　　　　　　　　　　　　　　　　　　　　　　）

(4) ㋓で血液中にとりこまれる気体A，血液中から㋓に出される気体Bは，それぞれ何か。

　　　　　　　　　　A（　　　　　）B（　　　　　）

(5) 図2のモデル装置で，風船㋔はヒトの体のどの部分を表しているか。（　　　　　）

(6) 息を吸うとき，風船㋔が表している部分はどうなるか。次のア〜ウから選びなさい。

　　　　　　　　　　　　　　　　　　　　　　　　　　（　　　）

　　ア　上がる。　　イ　下がる。　　ウ　変化しない。

(7) 息を吸うとき，肋骨はどうなるか。(6)のア〜ウから選びなさい。（　　　）

29

解答 p.8

テストに出る!
予想問題　3章　動物の体のつくりとはたらき(1)－②

🕒30分　/100点

1 右の図は，メダカの尾(お)びれを顕微鏡で観察したようすである。次の問いに答えなさい。　2点×3〔6点〕

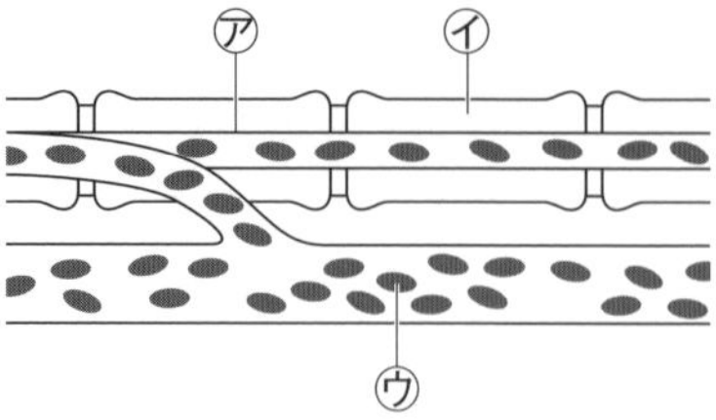

(1) 図の㋐，㋑は何か。次のア～エからそれぞれ選びなさい。　㋐(　　)　㋑(　　)

ア リンパ管　イ 血管　ウ 骨　エ 気管

(2) ㋒は，㋐の中を流れる粒を表している。㋒を何というか。(　　)

2 右の図は，血液の成分を模式的に表したものである。これについて，次の問いに答えなさい。　2点×10〔20点〕

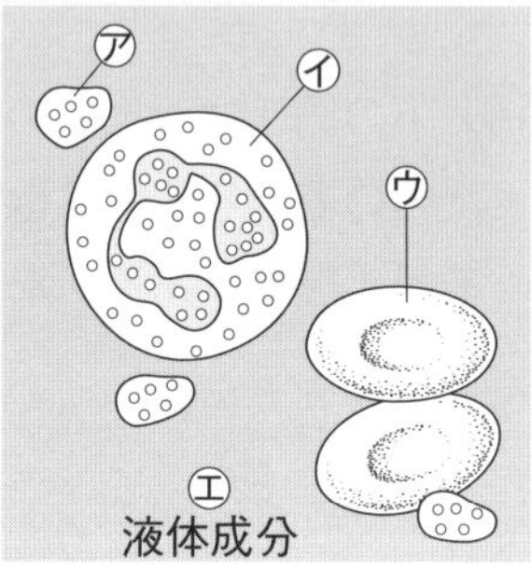

(1) 血液の成分のうち，酸素を運ぶはたらきをもつものは何か。図の㋐～㋓から選びなさい。また，その名称を答えなさい。

記号(　　)　名称(　　)

(2) (1)に含まれ，酸素と結びつき，酸素を運ぶ赤い物質を何というか。(　　)

記述 (3) (2)はどのような性質をもっているか。酸素が多いところと，酸素が少ないところでの，それぞれの性質を簡単に書きなさい。

(　　)

(4) 次の①～③のはたらきをもつ成分は何か。それぞれ図の㋐～㋓から選びなさい。また，その名称を答えなさい。

① 出血したときに血液を固める。　記号(　　)　名称(　　)

② 養分や不要な物質を溶かして運ぶ。　記号(　　)　名称(　　)

③ 体内に入った細菌などをとらえる。　記号(　　)　名称(　　)

よく出る **3** 右の図1は心臓のつくり，図2は心臓から出た血液が流れる血管と心臓に戻る血液が流れる血管のどちらかを表している。これについて，次の問いに答えなさい。　2点×7〔14点〕

(1) 図1のA～Dの名称をそれぞれ答えなさい。

A(　　)　B(　　)

C(　　)　D(　　)

図1

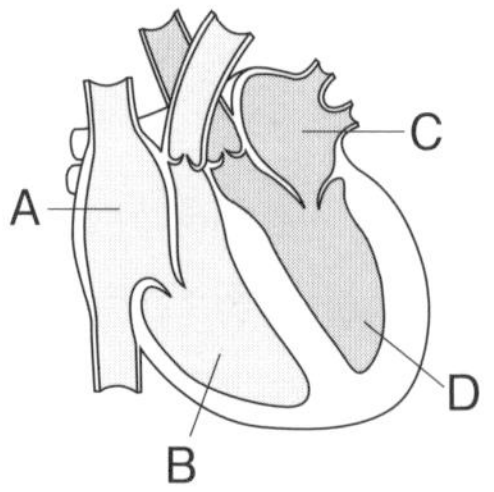

図2

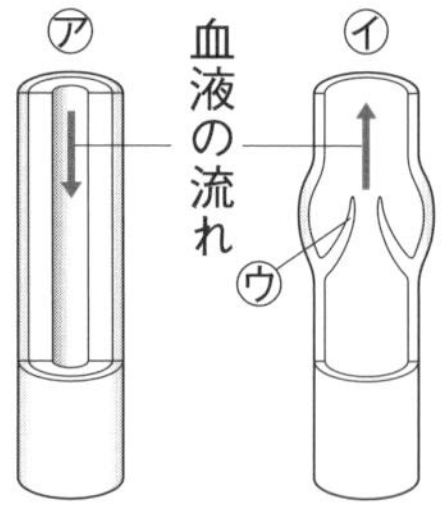

(2) 図2で，心臓から出た血液が流れる血管は㋐，㋑のどちらか。(　　)

(3) ㋒のつくりを何というか。

(　　)

記述 (4) (3)のはたらきを簡単に書きなさい。

(　　)

4 右の図は，ヒトの体の細胞と血液との間の物質のやりとりを模式的に表したものである。これについて，次の問いに答えなさい。　3点×5〔15点〕

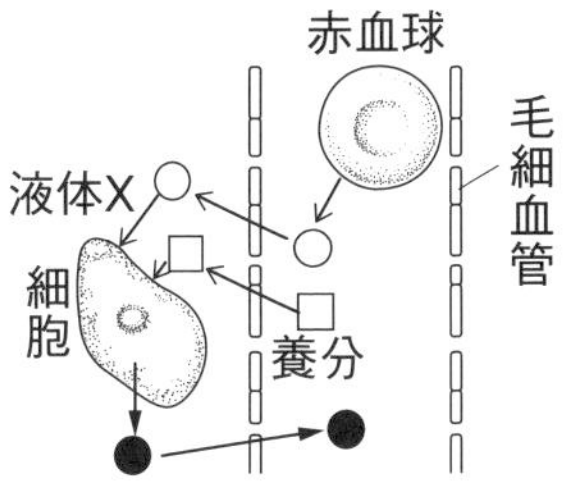

(1)　細胞をひたしている液体Xを何というか。　(　　　)

(2)　(1)は，血液のある成分が毛細血管の壁からしみ出したものである。その成分は何か。　(　　　)

(3)　液体Xの一部は，血管と同様に全身に張り巡らされた管に入る。この管を何というか。　(　　　)

(4)　図の○，●は，細胞との間でやりとりされる気体を表している。○，●はそれぞれ何か。　○(　　　)　●(　　　)

よく出る **5** 右の図は，ヒトの血液の循環のようすを表している。これについて，次の問いに答えなさい。　3点×9〔27点〕

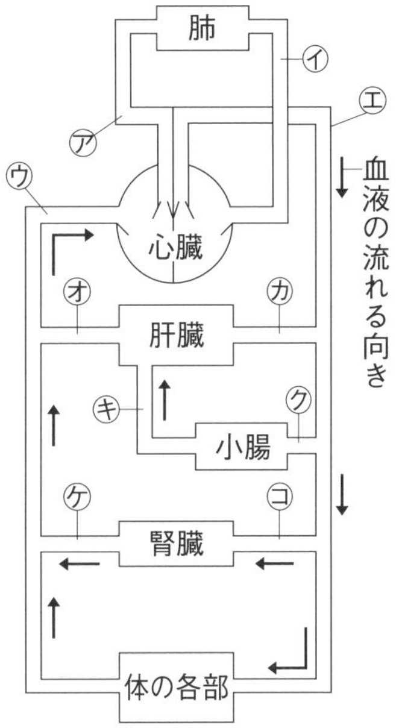

(1)　血液が心臓から肺以外の全身を通り心臓に戻る経路を，何というか。　(　　　)

(2)　心臓へ戻ってくる血液が流れる血管を何というか。　(　　　)

(3)　心臓から肺や全身に血液を送り出す心臓の部屋のことを何というか。　(　　　)

(4)　酸素を多く含む血液が流れる血管を，㋐〜㋓から2つ選びなさい。　(　　　)(　　　)

(5)　㋒と㋓の血管で，壁が厚いのはどちらか。　(　　　)

(6)　次の①〜③にあてはまる血管を，それぞれ㋐〜㋙から選びなさい。　①(　　　)　②(　　　)　③(　　　)

①　二酸化炭素が最も多く含まれている血液が流れる血管。
②　養分が最も多く含まれている血液が流れる血管。
③　尿素などの不要な物質が最も少ない血液が流れる血管。

6 ヒトの体の排出について述べた，次の文の(　)にあてはまる言葉を書きなさい。　3点×6〔18点〕

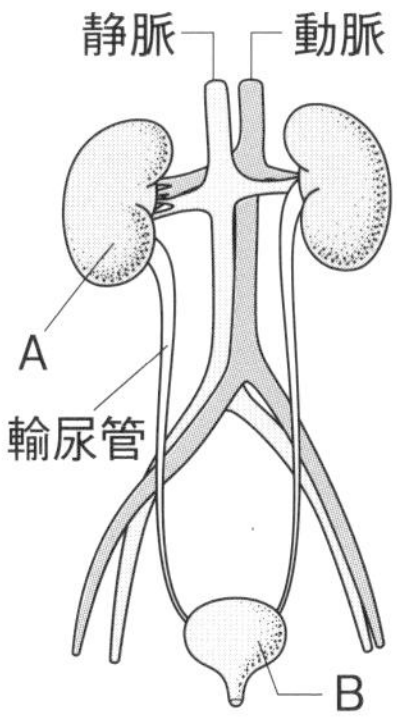

①(　　　)　②(　　　)　③(　　　)
④(　　　)　⑤(　　　)　⑥(　　　)

> アミノ酸が分解されてできる有害な(　①　)は，血液によって(　②　)に運ばれ，無害な(　③　)に変えられる。(③)などの不要な物質は，図のAの(　④　)で血液中からとり除かれ，(　⑤　)として輸尿管を通って，図のBの(　⑥　)に一時ためられた後，体外に排出される。

3章　動物の体のつくりとはたらき(2)

満点★ミッション

①骨格
　体の内部にあるたく
さんの骨が結合して
組み立てられている
つくり。
②筋肉
　骨のまわりにある部
分。両端のけんとい
うつくりで骨につい
ている。
③運動器官
　手やあしなど，運動
を行う部分。

④感覚器官
　外界の刺激を受けと
る器官。目や耳など。
⑤レンズ(水晶体)
　図2の⑰。筋肉に
よって膨らみが変わ
る。
⑥網膜
　図2の㋖。レンズを
通った光が集まり，
像を結ぶところ。刺
激を受けとる細胞
(感覚細胞)がある。

テストに出る！ ココが要点　解答 p.9

① 運動器官　教 p.134〜p.136

1 体が動くしくみ

(1) (①　　　　　) 体の内部にあるたくさんの骨が結合して組
み立てられているつくり。体を支えて動かす。

(2) (②　　　　　) 骨のまわりの部分。両端はけんで骨につい
ていて，関節で骨格を曲げるはたらきをする。

(3) (③　　　　　) 手やあしなど，運動を行う体の部分。

図1●ヒトの腕の曲げのばし●

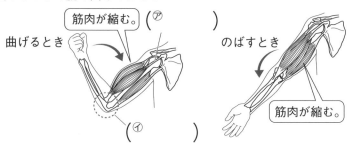

曲げるとき　筋肉が縮む。(㋐　　　　)
のばすとき　筋肉が縮む。
(㋑　　　　)

② 感覚器官　教 p.137〜p.140

1 刺激を受けとるしくみ

(1) (④　　　　　) 目や耳など，まわりのさまざまな状態を刺
激として受けとる体の部分。

●目(視覚)…光の刺激を受けとる。光は，(⑤　　　　　)を通っ
て(⑥　　　　　)に像を結ぶ。

図2●目の断面図●

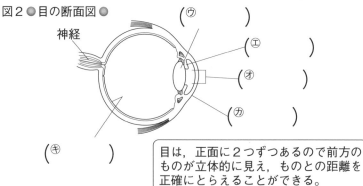

神経
(㋒　　　　)
(㋓　　　　)
(㋔　　　　)
(㋕　　　　)
(㋖　　　　)

目は，正面に2つずつあるので前方の
ものが立体的に見え，ものとの距離を
正確にとらえることができる。

●鼻(嗅覚)…においの刺激を受けとる細胞がある。

●耳(聴覚)…音(空気)の振動が(⑦　　　　　)を振動させ，耳小骨からうず巻き管へと伝わる。

図３
●耳の断面図●

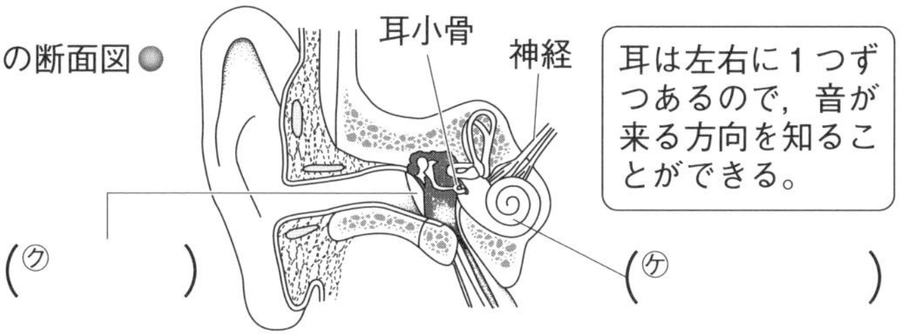
耳小骨
神経
耳は左右に１つずつあるので，音が来る方向を知ることができる。
(㋗　　　)
(㋘　　　　)

●舌(味覚)…味の刺激を受けとる。
●皮ふ(触覚)…圧力，温度，痛み，触られたことなどの機械的な刺激を受けとる。

③ 神経系

[教] p.141～p.144

1 神経系のつくりとはたらき

(1) (⑧　　　　) 脳や脊髄。刺激の信号を受けとり，判断や反応の命令を出す重要な役割を担っている部分。
(2) (⑨　　　　) 中枢神経から枝分かれして全身に広がる神経。
●(⑩　　　　)…感覚器官からの刺激の信号を中枢神経に伝える神経。
●(⑪　　　　)…中枢神経からの反応の命令の信号を運動器官に伝える神経。
(3) (⑫　　　　) 中枢神経と末梢神経からなるつくり。

2 刺激に対するヒトの反応

(1) 意識して起こる反応　刺激を受けたあと，脳が命令を出して行動する反応。　[例]「寒かったので，上着を着た。」
(2) 無意識に起こる反応　刺激を受けたとき，意識とは無関係に決まって起こる反応。このような反応を(⑬　　　　)という。
[例]「熱いやかんにさわって，思わず手を引っこめた。」

図４●意識して起こる反応●

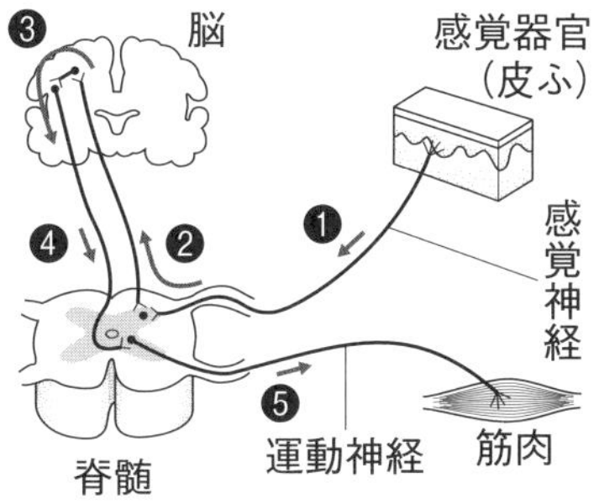
脳
感覚器官
(皮ふ)
感覚神経
脊髄
運動神経
筋肉

図５●無意識に起こる反応●

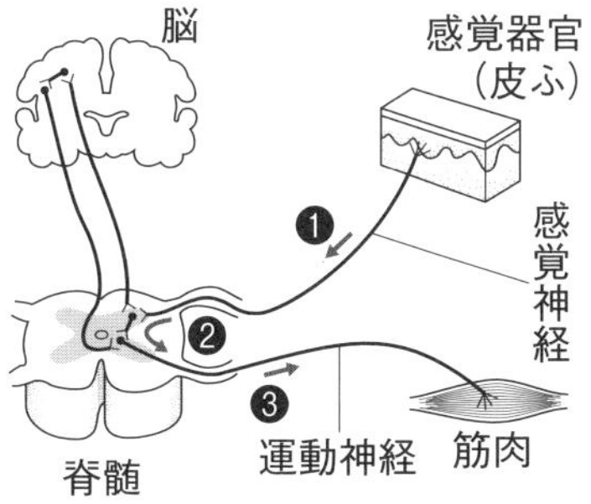
脳
感覚器官
(皮ふ)
感覚神経
脊髄
運動神経
筋肉

満点★ミッション

⑦鼓膜
図３の㋗。音(空気)の振動を受けとって振動する。この振動が耳小骨でさらに拡大されてうず巻き管に伝えられる。

⑧中枢神経
脳と脊髄。
⑨末梢神経
感覚神経と運動神経など。
⑩感覚神経
感覚器官で受けとった刺激の信号を脳や脊髄に伝える神経。
⑪運動神経
脳や脊髄からの反応の命令の信号を筋肉などに伝える神経。
⑫神経系
中枢神経と末梢神経からなる体のつくり。
⑬反射
無意識に起こる反応。感覚神経からの信号が脳に伝わる前に，脊髄などから，直接運動神経に命令が出されて起こる。

ポイント
反射は，ごく短い時間で反応することができる。危険から身を守るために，動物に生まれつき備わっているしくみである。

解答 p.9

テストに出る!
予想問題 3章 動物の体のつくりとはたらき(2)

30分
/100点

1 右の図は，ヒトの腕のつくりを模式的に表したものである。これについて，次の問いに答えなさい。 4点×4〔16点〕

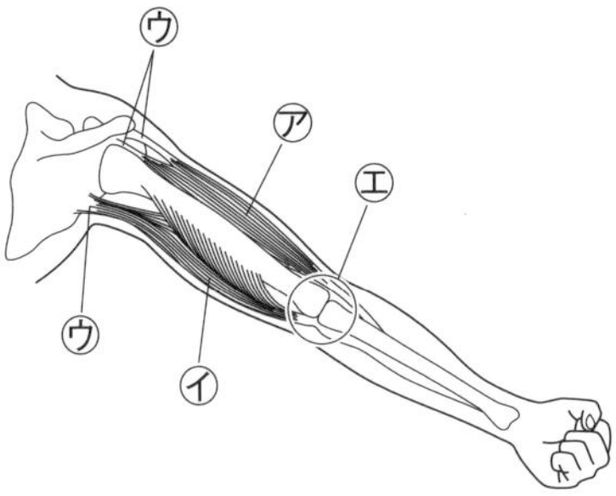

(1) 腕を曲げるときに縮む筋肉は，㋐，㋑のどちらか。 (　　)

(2) 筋肉の両端にあり，骨についている㋒の部分を何というか。 (　　　　)

(3) ㋓の部分を何というか。 (　　　　)

記述 (4) 骨格には，筋肉とともに体を動かす以外に，どのようなはたらきがあるか。 (　　　　　　　　)

2 下の図は，ヒトの体で，さまざまな刺激を受けとる器官の断面を模式的に表したものである。これについて，あとの問いに答えなさい。 3点×14〔42点〕

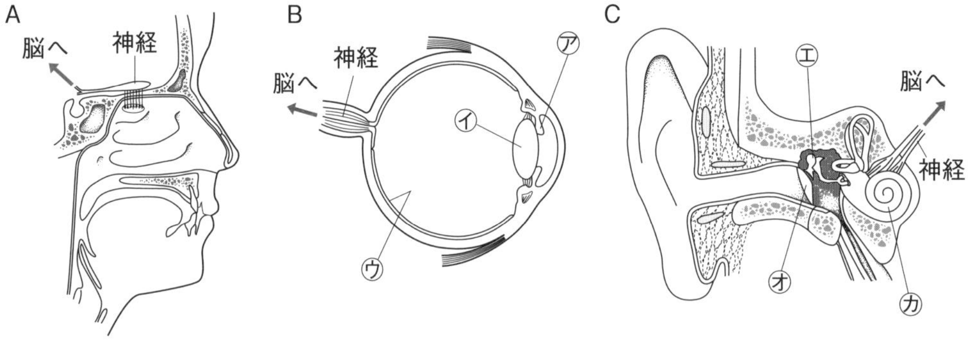

(1) A〜Cのように，まわりのさまざまな刺激を受けとる器官を何というか。 (　　　　)

(2) A，Bの器官で受けとっている刺激はそれぞれ何か。
A (　　　　) B (　　　　)

(3) Cで感じることのできる感覚を何というか。 (　　　　)

(4) 図の㋐〜㋕の部分をそれぞれ何というか。
㋐ (　　　　) ㋑ (　　　　) ㋒ (　　　　)
㋓ (　　　　) ㋔ (　　　　) ㋕ (　　　　)

(5) 次の①〜④は，どの部分についての説明文か。図の㋐〜㋕から選びなさい。
① 光の刺激を受けとる細胞があり，像を結ぶ部分。 (　　)
② 音の振動を受けとる細胞があり，神経につながっている部分。 (　　)
③ 空気の振動として伝わった音の刺激を最初にとらえ，振動する部分。 (　　)
④ ひとみの大きさを変えて，入ってくる光の量を調節する部分。 (　　)

[3] 右の図のように，刺激を受けとってから反応が起こるまでの時間を調べるため，Aさんが予告なしにものさしを落とし，Bさんがどの位置でものさしをつかむか5回測定した。表1は，その結果である。これについて，あとの問いに答えなさい。　4点×3〔12点〕

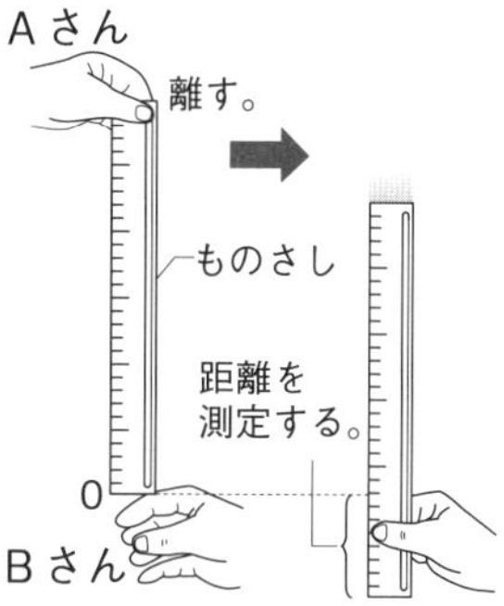
Aさん
離す。
ものさし
距離を
測定する。
0
Bさん

表1

	1回目	2回目	3回目	4回目	5回目
距離(cm)	11.0	10.3	9.6	10.0	9.1

(1)　Bさんが刺激を受けとる感覚器官は何か。(　　　　)

(2)　この実験で，ものさしをつかむ命令はどこから出されたか。
(　　　　)

(3)　表2は，ものさしの落下距離とそれに要する時間を示している。Bさんがものさしをつかむ位置の平均から，Bさんが刺激を受けとってから反応するまでの時間を求めなさい。　(　　　　)

表2

ものさしの落下距離(cm)	5	10	15	20
落下に要する時間(秒)	0.10	0.14	0.17	0.20

よく出る [4] 右の図は，ヒトの神経系を模式的に表したものである。これについて，次の問いに答えなさい。　3点×10〔30点〕

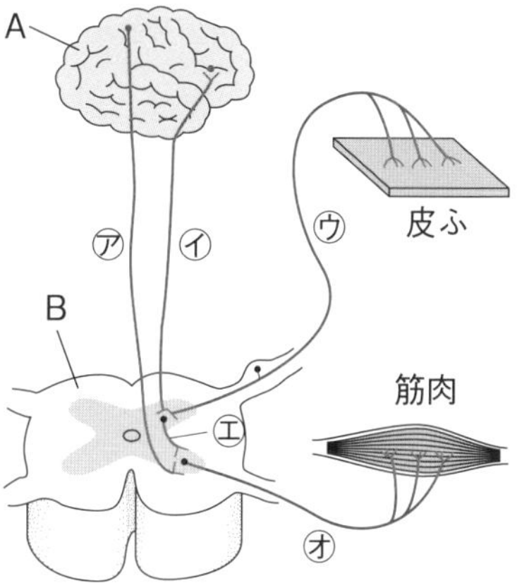
A
ア
イ
ウ
皮ふ
B
エ
筋肉
オ

(1)　A，Bの部分をそれぞれ何というか。
A(　　　　)　B(　　　　)

(2)　A，Bの部分をまとめて何というか。
(　　　　)

(3)　ウ，オの神経をそれぞれ何というか。
ウ(　　　　)　オ(　　　　)

(4)　全身に行き渡(わた)っている，細かく枝分かれした神経を何というか。　(　　　　)

(5)　意識して起こる反応で，信号は皮ふから筋肉までどのように伝わるか。ア～オから必要な記号を選び，ア→イ→ウのように表しなさい。　(　　　　)

(6)　「熱いやかんに手をふれたとき，思わず手を引っこめた」という反応のように，意識とは無関係に起こる反応を何というか。　(　　　　)

(7)　(6)では，信号は皮ふから筋肉まで，どのように伝わるか。ア～オから必要な記号を選び，ア→イ→ウのように表しなさい。　(　　　　)

(8)　(6)と同様の反応を，次のア～オからすべて選びなさい。　(　　　　)

ア　明るいところに出ると，目のひとみが小さくなった。
イ　急に目の前に虫が飛んできたので，思わず目を閉じた。
ウ　外に出たとき，寒く感じたので，上着を着た。
エ　サッカーボールが転がってきたので，手で拾った。
オ　食物を口に入れると，だ液が出てきた。

1章　電流と回路(1)

満点★ミッション

①**電流**
回路のある点を一定の時間内に通過する電気の量。

②**回路**
電流が電源の＋極から出て，－極に入るまで流れる道筋。

③**アンペア**
電流の大きさの単位。フランスの科学者アンペールの名前に由来している。
1 A = 1000 mA

④**回路図**
図2の電気用図記号を使って回路を表した図。

⑤**直列回路**
図3の㋔のように，電流の流れる道筋が1つの輪になるように直列つなぎをした回路。

⑥**並列回路**
図3の㋕のように，電流の流れる道筋が枝分かれするように，並列つなぎをした回路。

テストに出る！ **ココが要点**　解答 p.10

① 回路の電流　教 p.161～p.171

1 電流の大きさ

(1) (① 　　　　) 電気の流れのこと。

(2) (② 　　　　) 電流が流れる道筋。

(3) 回路を流れる電流の向き　電源の＋極から出て－極に入る。

(4) 電流の大きさ　電流の大きさは，電流計を回路に直列につないで測定する。単位は，(③ 　　　　)(記号A)や，ミリアンペア(記号mA)が使われる。

図1 ●電流計●

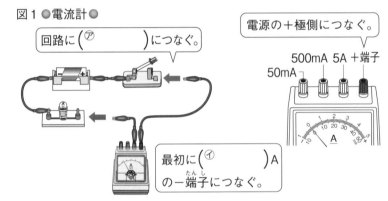

回路に(㋐ 　　　)につなぐ。

電源の＋極側につなぐ。
500mA 5A ＋端子
50mA

最初に(㋑ 　　　)A の－端子につなぐ。

(5) (④ 　　　　) 電気用図記号を使って回路を表したもの。

図2

電源	電球	スイッチ
(㋒ 　　　)	(㋓ 　　　)	—／—
抵抗	電流計	電圧計
—▭—	Ⓐ	Ⓥ

2 直列回路や並列回路を流れる電流

(1) (⑤ 　　　　) 電流の流れる道筋が1本になっている回路。

(2) (⑥ 　　　　) 電流の流れる道筋が途中で分かれる回路。

図3 (㋔ 　　　)回路　　　(㋕ 　　　)回路

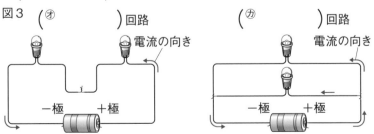

電流の向き

－極　＋極

電流の向き

－極　＋極

ココが要点の答えになります。

(3)　直列回路の電流　回路の各点での電流の大きさはどこも等しい。

図4

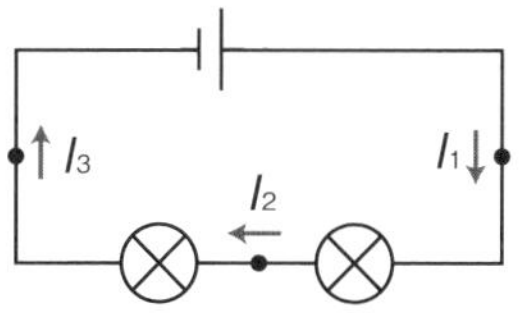
I_3
I_1
I_2

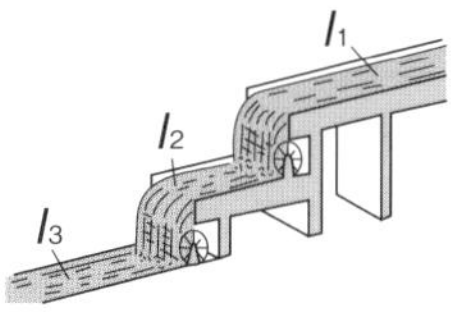
I_1
I_2
I_3

I_1 (㋖　　　) I_2 (㋗　　　) I_3

(4)　並列回路の電流　電流の流れる道筋が分かれる前後で電流の大きさは，分かれている部分の電流の大きさの和に等しい。

図5

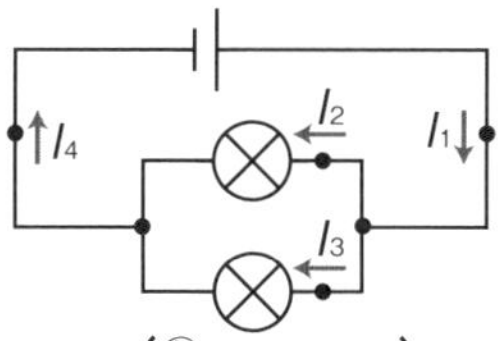
I_4
I_2
I_1
I_3

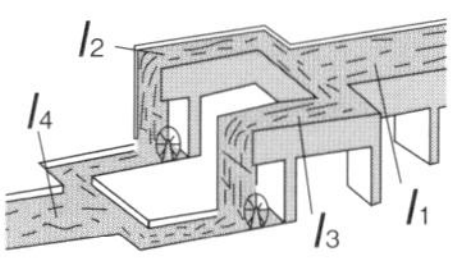
I_2
I_4
I_3
I_1

$I_1 = I_2$ (㋘　　　) $I_3 = I_4$

満点ミッション

ポイント
並列回路の電流は，水路を流れる水の量で考えるとよい。枝分かれすると，それぞれの水路に分かれて流れるが，合流すれば，また同じ量に戻る。

2 回路の電圧

教 p.172～p.177

1 電圧(でんあつ)の大きさ・直列回路や並列回路に加わる電圧

(1)　(⑦　　　)　電流を流すはたらきの大きさ。電圧計を回路に並列につないで測定する。単位は，(⑧　　　)(記号V)。

図6 ●電圧計●

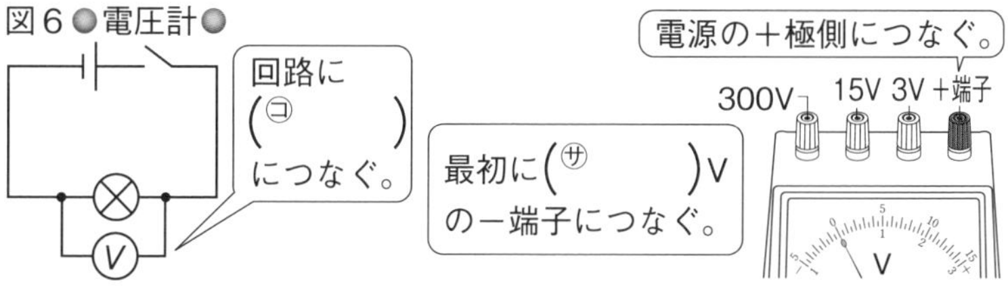
回路に
(㋙　　　)
につなぐ。
最初に(㋚　　　)V
の－端子につなぐ。
電源の＋極側につなぐ。
300V
15V
3V
＋端子
V

⑦電圧
電流を流そうとするはたらきの大きさ。

⑧ボルト
電圧の大きさの単位。イタリアの科学者ボルタの名前に由来している。

(2)　直列回路の電圧　回路の各部分に加わる電圧の大きさの和は，電源または回路全体の電圧の大きさに等しい。

図7

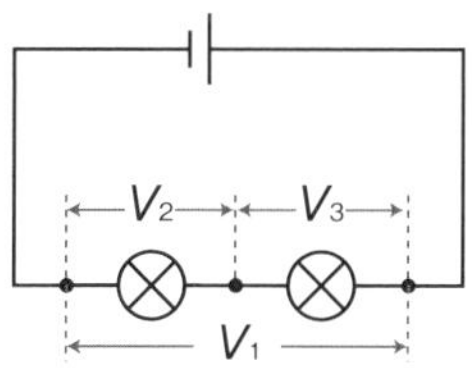
V_2
V_3
V_1

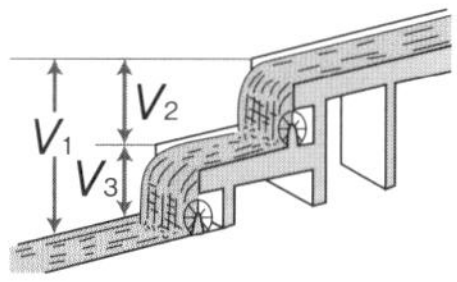
V_1
V_2
V_3

$V_1 = V_2$ (㋛　　　) V_3

ポイント
電圧は，流れる水の落差で考えるとよい。直列回路では2つの落差の合計が全体の落差となる。

(3)　並列回路の電圧　各部分に加わる電圧の大きさと，電源または回路全体の電圧の大きさが等しい。

図8

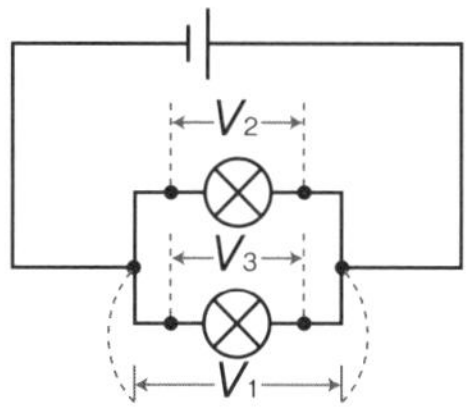
V_2
V_3
V_1

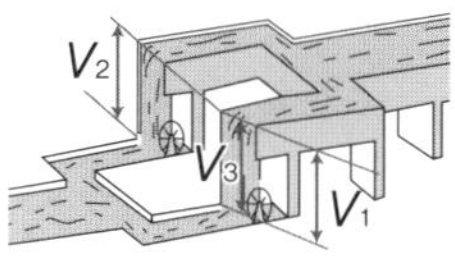
V_2
V_3
V_1

V_1 (㋜　　　) V_2 (㋝　　　) V_3

ポイント
並列回路の電圧は，枝分かれしても，落差は同じである。

テストに出る！
予想問題　1章　電流と回路(1)

30分　/100点

[1] 電流計と電圧計について，次の問いに答えなさい。
4点×8〔32点〕

[作図] (1) 電流計，電圧計の電気用図記号をかきなさい。
電流計（　　　）　電圧計（　　　）

(2) 電流計，電圧計を回路の測定する部分につなぐとき，直列につなぐか，並列につなぐか。
電流計（　　　）
電圧計（　　　）

(3) 電流計と電圧計では，測定する電流，電圧の大きさがわからないとき，どの－端子につなぐとよいか。
電流計（　　　）
電圧計（　　　）

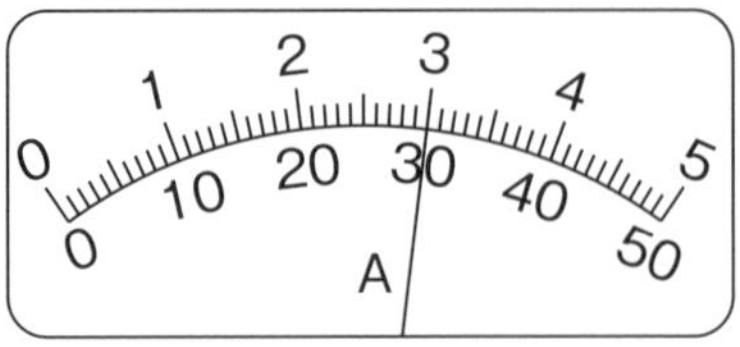

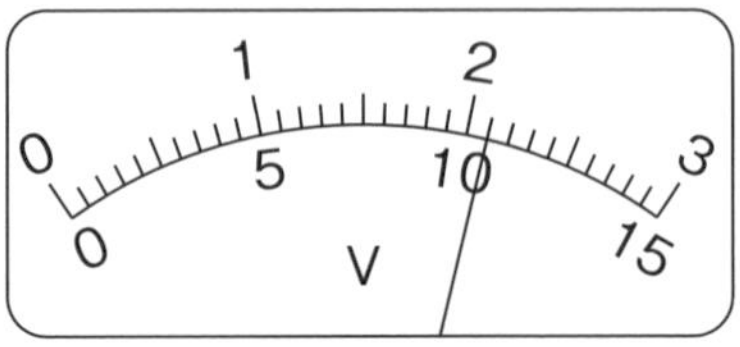

(4) 右の図で，500mA，15Vの－端子を使ったとき，電流と電圧の大きさをそれぞれ読みとりなさい。　電流（　　　）　電圧（　　　）

[2] 下の図は，豆電球２個をつなぎ，回路を流れる電流の大きさについて調べたものである。これについて，あとの問いに答えなさい。
よく出る
4点×7〔28点〕

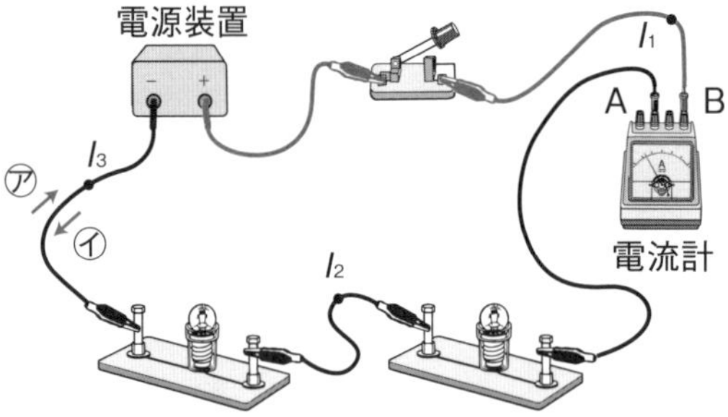

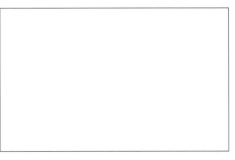

(1) 図のようなつなぎ方を何回路というか。（　　　）

[作図] (2) 図の回路を，回路図で□にかきなさい。

(3) スイッチを入れたとき，電流は㋐，㋑のどちらの向きに流れるか。（　　　）

(4) 電流計の＋端子は，A，Bのどちらか。（　　　）

(5) スイッチを入れて電流 I_1 の大きさを測定すると，350mAであった。このとき，電流 I_2，I_3 の大きさを求めなさい。
I_2（　　　）　I_3（　　　）

(6) 図の電流 I_1，I_2，I_3 の大きさの関係を式に表すと，どのようになるか。次のア～エから選びなさい。（　　　）
ア　$I_1=I_2=I_3$　　イ　$I_1=I_2+I_3$　　ウ　$I_2=I_1+I_3$　　エ　$I_3=I_1+I_2$

3 豆電球2個をつないで，下の図のような回路をつくり，電流の大きさを調べた。これについて，あとの問いに答えなさい。

4点×5〔20点〕

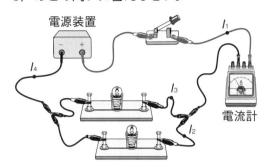

(1) 図のようなつなぎ方を何回路というか。 （　　　　　　　）

(2) 図の回路を，回路図で□にかきなさい。

(3) スイッチを入れて電流 I_1 の大きさを測定すると360mAであった。電流計のつなぎ方をかえ，電流 I_2 の大きさを測定すると240mAであった。このとき，電流 I_3，I_4 の大きさを求めなさい。

I_3（　　　　　　　） I_4（　　　　　　　）

(4) 図の電流 I_1，I_2，I_3，I_4 の大きさの関係を式に表すと，どのようになるか。次のア〜ウから選びなさい。 （　　　）

ア $I_1 = I_2 = I_3 = I_4$　　イ $I_1 = I_2 + I_3 + I_4$　　ウ $I_1 = I_2 + I_3 = I_4$

4 いろいろな豆電球を使って，下の図のような回路をつくり，電圧の大きさを調べた。これについて，あとの問いに答えなさい。

4点×5〔20点〕

図1 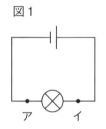　　図2 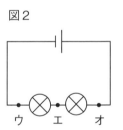　　図3 　　図4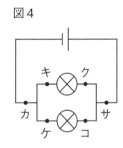

(1) 図1で，アイ間に加わる電圧と，電源の両端に加わる電圧には，どのような関係があるか。 （　　　　　　　）

(2) 図2で，ウエ間に加わる電圧を測定すると，3Vの－端子につないだ電圧計の目盛りが図3のようになった。このときの電圧は何Vか読みとりなさい。 （　　　　　　　）

(3) 図2で，ウエ間に続いてエオ間に加わる電圧を測定すると，1.50Vであった。このとき，ウオ間に加わる電圧の大きさを求めなさい。 （　　　　　　　）

(4) 図4で，キク間に加わる電圧は2.00Vであった。このとき，ケコ間，カサ間に加わる電圧の大きさをそれぞれ求めなさい。

ケコ間（　　　　　　　）

カサ間（　　　　　　　）

1章　電流と回路(2)

満点★ミッション

①電気抵抗(抵抗)
電流の流れにくさ。1Vの電圧を加えたときに1Aの電流が流れる抵抗の大きさが1Ω。

②オーム
抵抗の大きさの単位。

③オームの法則
図1のように，電熱線を流れる電流の大きさは，電熱線の両端に加わる電圧の大きさに比例する。

④導体
抵抗が小さく，電流が流れやすい物質。金属など。

⑤絶縁体(不導体)
抵抗が大きく，極めて電流が流れにくい物質。ゴム，ガラスなど。

ポイント

ケイ素(シリコン)やゲルマニウムなど，導体と絶縁体の中間の性質をもつ物質を半導体という。発光ダイオード(LED)や光電池にも利用されている。

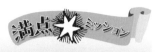

テストに出る！ ココが要点　解答 p.10

① 回路の抵抗

教 p.178～p.185

1 電流と電圧の関係

(1) (①　　　　) 電熱線などを電流が流れるときの，電流の流れにくさ。単位には(②　　　　)(記号Ω)が使われる。

- 電熱線の太さと抵抗…太い電熱線は細い電熱線より，抵抗が小さい。→電流が流れやすい。

図1

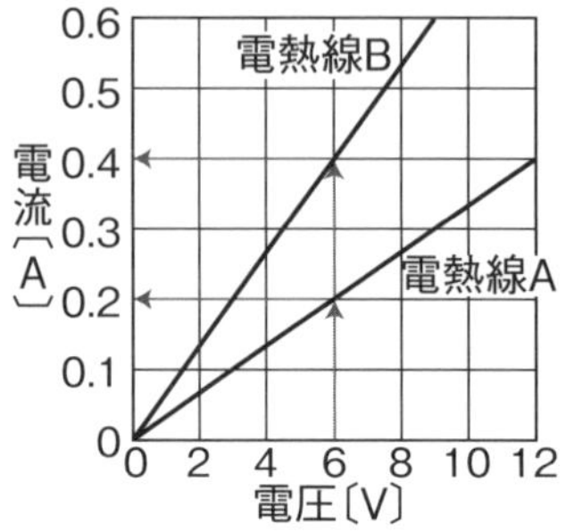

電熱線Bより，電熱線Aのほうが電流が流れ(㋐　　　　)。

$$抵抗〔Ω〕=\frac{(㋑\quad)〔V〕}{(㋒\quad)〔A〕}$$

(2) (③　　　　) 回路に流れる電流の大きさは，加わる電圧の大きさに比例するという法則。

図2 ●オームの法則●

電圧〔V〕＝(㋓　　　　)〔Ω〕×(㋔　　　　)〔A〕

$$(㋕\quad)〔A〕=\frac{(㋖\quad)〔V〕}{(㋗\quad)〔Ω〕}$$

(3) 物質の種類と抵抗の大きさ

- (④　　　　)…抵抗が小さく，電流が流れやすい物質。
- (⑤　　　　)…抵抗が大きく，電流が極めて流れにくい物質。

2 抵抗のつなぎ方と抵抗の大きさ

(1) 直列つなぎ　回路全体の抵抗の大きさは，各部分の抵抗の大きさの和になる。

図3 ●抵抗器2個の直列つなぎ●

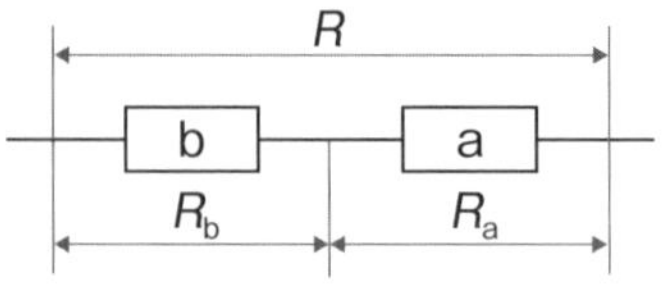

$R=R_a$(㋘　　)R_b

ココが要点の答えになります。

(2)　並列つなぎ　回路全体の抵抗の大きさは，それぞれの抵抗の大きさよりも**小さく**なる。

図4 ●抵抗器2個の並列つなぎ●

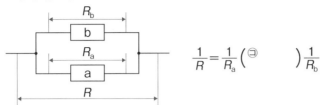

$$\frac{1}{R} = \frac{1}{R_a} \left(^{\boxed{コ}} \right) \frac{1}{R_b}$$

② 電流とそのエネルギー

教 p.186〜p.191

1 電気エネルギーと電力

(1)　$\left(^{⑥} \right)$　電気がもつ，いろいろなはたらきをする能力。

(2)　$\left(^{⑦} \right)$　1秒当たりに消費する電気エネルギーの量。単位は$\left(^{⑧} \right)$（記号**W**）。

図5

電力〔W〕= $\left(^{サ} \right)$〔V〕× $\left(^{シ} \right)$〔A〕

2 電力と熱量の関係

(1)　$\left(^{⑨} \right)$　電流を流したときに，物質に出入りする熱の量。単位は$\left(^{⑩} \right)$（記号**J**）。電流によって発生する熱量は，<u>電力</u>の大きさと，電流を流した<u>時間</u>に<u>比例</u>する。

図6

熱量〔J〕= $\left(^{ス} \right)$〔W〕× $\left(^{セ} \right)$〔s〕

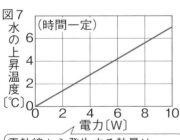

図7　水の上昇温度〔℃〕（時間一定）

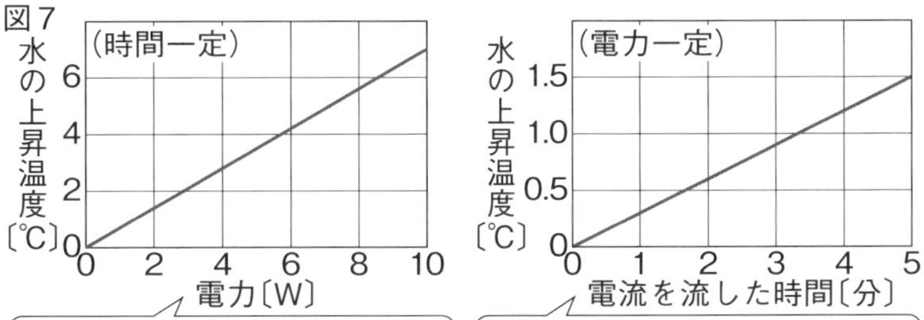

電熱線から発生する熱量は，$\left(^{ソ} \right)$の大きさに比例する。

水の上昇温度〔℃〕（電力一定）

電熱線から発生する熱量は，電流を流した$\left(^{タ} \right)$に比例する。

(2)　水が得る熱量と上昇温度　1gの水を1℃上昇させる熱量は，約<u>4.2</u>J。1gの水が1Jの熱量を得ると約<u>0.24</u>℃上昇する。

3 電力量

(1)　$\left(^{⑪} \right)$　電力と時間の積。消費した電気エネルギーの総量。単位は<u>ジュール</u>（記号**J**）や$\left(^{⑫} \right)$（記号<u>kWh</u>）。

図8

電力量〔J〕= $\left(^{チ} \right)$〔W〕× $\left(^{ツ} \right)$〔s〕

満点★ミッション

⑥**電気エネルギー**
光や熱を出す能力や，物体を動かす電気のはたらき。

⑦**電力**
1秒間で電気器具がどれだけのはたらきをするかを表す。

⑧**ワット**
電力の単位。1Wは，1Vの電圧で1Aの電流を1秒間流したときの電力。

⑨**熱量**
電流を流したときに発生する熱の量。

⑩**ジュール**
熱量の単位。1Jは，1Wの電力で1秒間電流を流したときに発生する熱量。

⑪**電力量**
消費した電気エネルギーの総量。1Wの電力を1時間消費したときの電力量は，1Wh。

⑫**キロワット時**
電力量の単位。1kWh＝1000Wh

ポイント

水をあたためる実験では，空気中に熱が逃げるため，電熱線から発生する熱量よりも，水が得た熱量は，ふつう，小さくなる。

テストに出る！

予想問題　1章　電流と回路(2)

30分　/100点

よく出る **1** 下の表は，同じ長さで太さの異なる電熱線A，Bに，それぞれ電圧を加えたときの電流の大きさを調べた結果である。これについて，あとの問いに答えなさい。　4点×6〔24点〕

電　圧	1.5V	3.0V	4.5V	6.0V
電熱線A	100mA	200mA	300mA	400mA
電熱線B	50mA	100mA	150mA	200mA

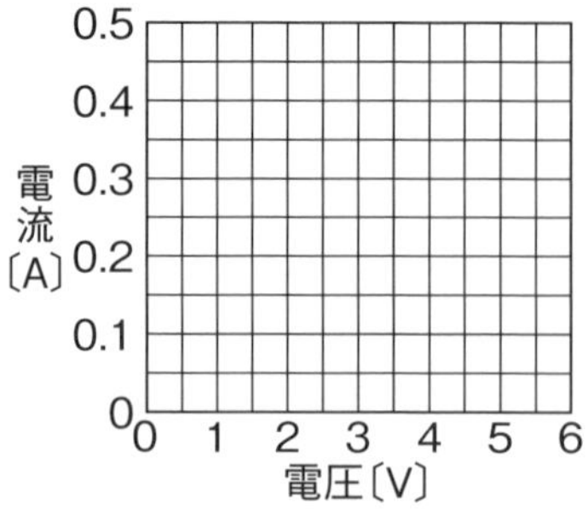

作図 (1)　電熱線AとBについて，得られた結果を右のグラフに表しなさい。

(2)　結果から，電熱線に加わる電圧と電流の大きさにはどのような関係があるとわかるか。　(　　　　)

(3)　(2)のような関係があることを，何の法則というか。　(　　　　)

(4)　抵抗が大きいのは，電熱線A，Bのどちらか。　(　　)

(5)　電熱線A，Bで，どちらの方が太いか。　(　　)

(6)　電熱線Bの抵抗の大きさを求めなさい。　(　　　　)

2 右の図について，次のときの電流，電圧，抵抗の大きさを求めなさい。　4点×3〔12点〕

(1)　電源の電圧６V，抵抗20Ωのときの電流I。　(　　　　)

(2)　電流500mA，抵抗10Ωのときの電源の電圧V。　(　　　　)

(3)　電源の電圧4.5V，電流0.5Aのときの抵抗R。　(　　　　)

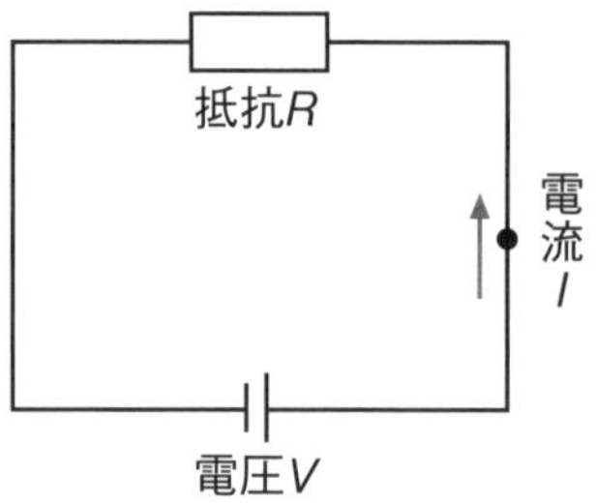

3 抵抗が10Ωの電熱線２本を，右の図１，２のようにつないだ。これについて，次の問いに答えなさい。　4点×5〔20点〕

(1)　図１で，回路全体の抵抗は何Ωか。　(　　　　)

(2)　図１で，電源の電圧を10Vにした。回路に流れる電流は何Aか。　(　　　　)

(3)　図２で，電源の電圧を10Vにした。電熱線Aに加わる電圧は何Vか。　(　　　　)

(4)　(3)のとき，㋐の点を流れる電流は何Aか。　(　　　　)

(5)　図２で，回路全体の抵抗は何Ωか。　(　　　　)

図１

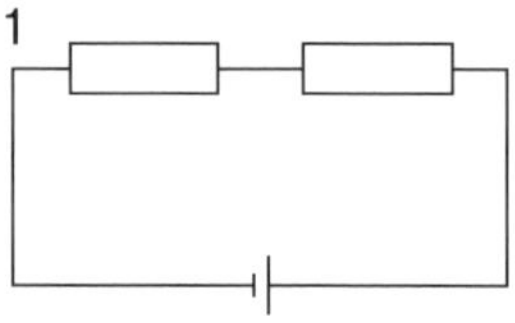

図２

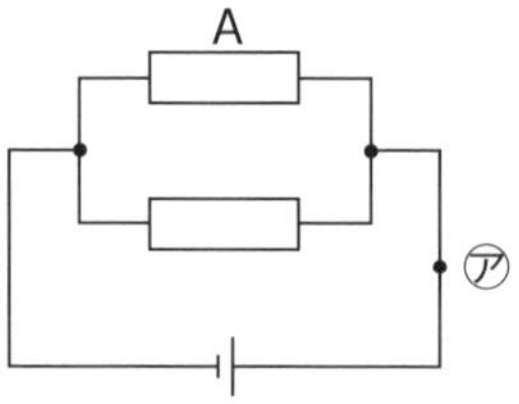

4 右の表は，いろいろな物質の抵抗を示したものである。次
の問いに答えなさい。　　　　　　　　　　　　3点×4〔12点〕

⑴　電流が流れやすい物質のことを何というか。

（　　　　　　　）

⑵　電流がほとんど流れない物質のことを何というか。

（　　　　　　　）

⑶　表の物質の中で，⑵にあたるものを2つ選びなさい。

（　　　　　）（　　　　　）

物質	抵抗〔Ω〕
金	0.022
銀	0.016
銅	0.017
鉄	0.10
ニクロム	1.10
タングステン	0.054
ガラス	$10^{15}〜10^{17}$
ゴム	$10^{16}〜10^{21}$

（断面積1mm²，長さ1m，温度20℃）

5 下の図のような装置を3つつくり，それぞれのカップに水を入れて，6V−6W，6V−
9W，6V−18Wの電熱線を入れ，6Vの電圧を加えて水の上昇温度を調べる実験をした。
表は実験の結果である。あとの問いに答えなさい。　　　　　　　　　4点×5〔20点〕

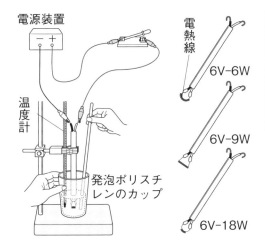

	開始前の水温	5分後の水温
6V−6W	16.0℃	20.4℃
6V−9W	16.0℃	22.5℃
6V−18W	16.0℃	29.0℃

⑴　6V—9Wの電熱線に6Vの電圧を加えたとき，電熱線には何Aの電流が流れるか。

（　　　　　　　）

⑵　6V—9Wの電熱線の抵抗は何Ωか。　　　　　　　　　　　　　　（　　　　　　　）

⑶　6V—18Wの電熱線に5分間電流を流したとき，電熱線で消費された電力量は何Jか。

（　　　　　　　）

⑷　6V—6Wの電熱線に30秒間電流を流したとき，電熱線から発生する熱量は何Jか。

（　　　　　　　）

⑸　電熱線から発生する熱量は，電流を流す時間と電力の大きさとどのような関係にあるか。

（　　　　　　　）

6 次の問いに答えなさい。　　　　　　　　　　　　　　　　　　　4点×3〔12点〕

⑴　1500Wのエアコンを3時間使ったときの電力量は何kWhか。　（　　　　　　　）

⑵　ある電力を25秒間使い，電力量が7500Jのとき，この電力は何Wか。（　　　　　）

⑶　40Wの電球を使い，電力量が432000Jのとき，使った時間は何時間か。（　　　　　）

2章　電流と磁界

満点★ミッション

①**磁力**
磁石に他の磁石を近づけると，引き合ったり，退け合ったりする力。

②**磁界**
磁力がはたらく空間。

③**磁界の向き**
磁力がはたらく空間に方位磁針を置いたとき，N極が指す向き。

④**磁力線**（じりょくせん）
方位磁針のN極が指す向きをつないだ線。磁力が強いところほど，磁力線の間隔（かんかく）は狭（せま）くなる。

ポイント
流れる電流を大きくするほど，磁石の磁力を強くするほど，受ける力も大きくなって，動きが大きくなる。

ココが要点の答えになります。

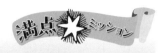

テストに出る！ **ココが要点** 解答 p.11

① 電流がつくる磁界　教 p.192〜p.197

1 磁界（じかい）のようす

(1) (①　　　　) 磁石や電磁石の力。離（はな）れていてもはたらく。

(2) (②　　　　) 磁力（じりょく）がはたらく空間。方位磁針の**N**極が指す向きを(③　　　　)という。

(3) (④　　　　) 磁界（じかい）の向（む）きを順につないでできる線。

図1

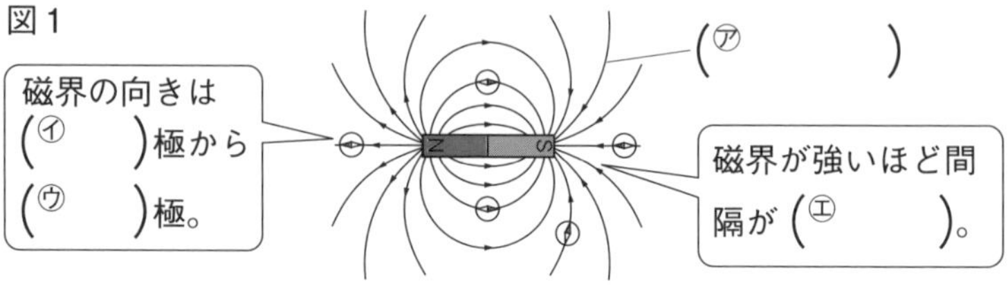

(㋐　　　)
磁界の向きは(㋑　　)極から(㋒　　)極。
N
S
磁界が強いほど間隔が(㋓　　　)。

2 電流がつくる磁界

(1) 磁界の向き　電流の向きを逆にすると，磁界の向きも**逆**になる。

(2) 磁界の強さ　電流が**大きい**ほど強くなる。また，導線に近いほど，コイルの巻数（まきすう）が**多い**ほど強くなる。

図2

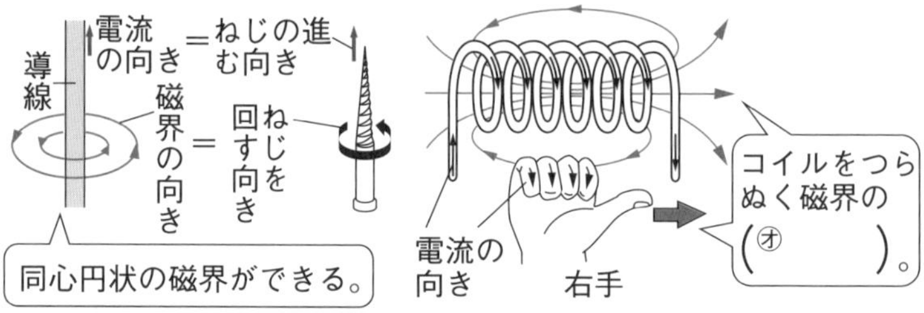

導線
電流の向き＝ねじの進む向き
磁界の向き＝ねじを回す向き
同心円状の磁界ができる。
電流の向き
右手
コイルをつらぬく磁界の(㋔　　　)。

② 電流が磁界から受ける力　教 p.198〜p.201

1 電流が磁界から受ける力

(1) 電流が磁界から受ける力　磁界の中の電流は，電流の向きと磁界の向き，それぞれに**垂直な**向きの力を磁界から受ける。

図3

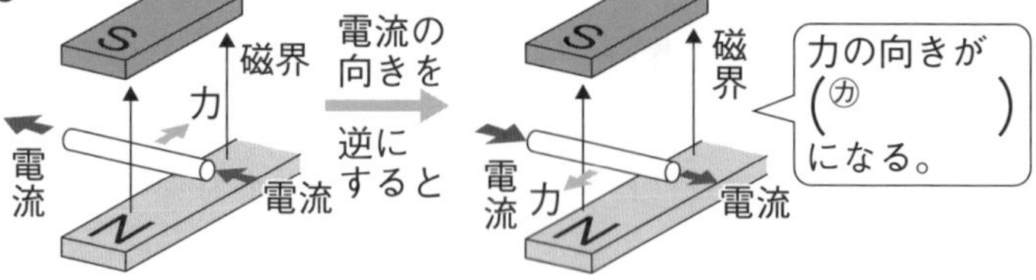

S
磁界
力
電流
電流
N
電流の向きを逆にすると
S
磁界
電流
力
電流
N
力の向きが(㋕　　　)になる。

2 モーターが回るしくみ

(1) モーターが回るしくみ　整流子とブラシによって，半回転ごとに電流の向きを逆にして，一定方向に回転させている。

図4
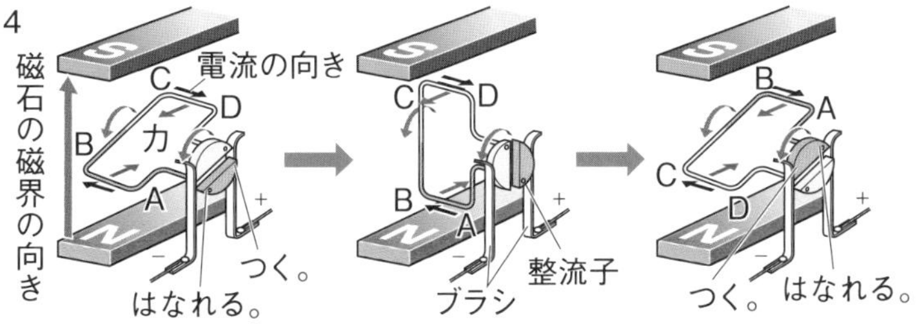
磁石の磁界の向き
電流の向き
力
C
D
B
A
はなれる。
つく。
ブラシ
整流子
つく。
はなれる。

3 電磁誘導と発電

[教] p.202〜p.209

1 電磁誘導（でんじゆうどう）

(1) (⑤　　　　　) コイルの中の磁界を変化させたときに，コイルに電圧が生じる現象。発電機は，この現象を利用している。

(2) (⑥　　　　　) 電磁誘導によって流れる電流。

- 誘導電流（ゆうどうでんりゅう）の大きさ…磁界が強いほど，磁界の変化が大きいほど，コイルの巻数が多いほど，誘導電流は大きくなる。
- 誘導電流の向き…磁界の向きを逆にしたり，磁石を動かす向きを逆にすると，誘導電流の向きも逆向きになる。

図5
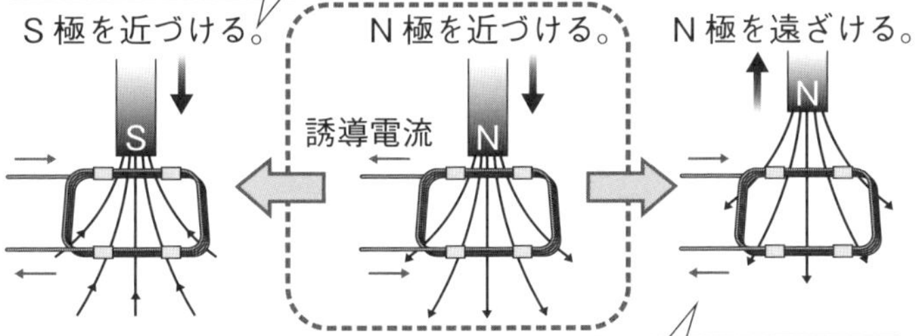
磁界の向きを逆にすると，誘導電流も逆向きに流れる。
S極を近づける。
N極を近づける。
N極を遠ざける。
誘導電流
S
N
N
磁石を動かす向きを逆にすると，誘導電流も逆向きに流れる。

2 直流（ちょくりゅう）と交流（こうりゅう）

(1) (⑦　　　　　) 向きが一定で変わらない電流。[例]乾電池（かんでんち）

(2) (⑧　　　　　) 向きが周期的に変わる電流。[例]家庭用の電源

(3) (⑨　　　　　) 交流で電流の向きの周期的な変化が1秒間に繰り返される回数。単位は(⑩　　　　　)(記号Hz)。

図6
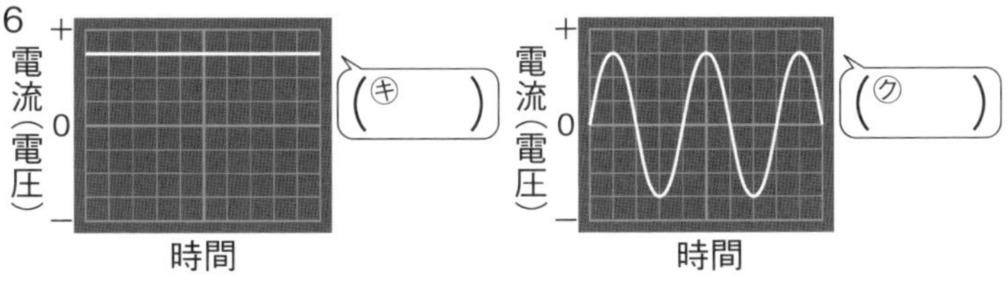
+
電流(電圧)
0
−
時間
(㋖　　)
+
電流(電圧)
0
−
時間
(㋗　　)

満点★ミッション

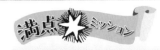

⑤電磁誘導
コイルの中で磁界が変化したときに電圧が生じる現象。

⑥誘導電流
電磁誘導によって流れる電流。

ポイント
モーターも発電機も，コイルと磁石でできているため，発電機をモーターとして使うことも，モーターを発電機として使うこともできる。

⑦直流
図6の㋖。乾電池などの電流のように，一定の向きに流れる電流。

⑧交流
図6の㋗。家庭用のコンセントに供給されている電流。向きが周期的に変化する。

⑨周波数（しゅうはすう）
交流の周期的な変化が1秒間に繰り返される回数。

⑩ヘルツ
周波数の単位。

テストに出る！

予想問題　2章　電流と磁界

30分　/100点

[1] 次の問いに答えなさい。

4点×3〔12点〕

(1) 磁石や電磁石の力を何というか。　(　　　　)
(2) 磁石の力がはたらく空間を何というか。　(　　　　)
(3) (2)に置いた方位磁針のN極が指す向きを何というか。　(　　　　)

[よく出る] [2] 導線やコイルを流れる電流がつくる磁界について，次の問いに答えなさい。

3点×9〔27点〕

(1) 次の文の(　)にあてはまる記号や言葉を書きなさい。
①(　　　　)　②(　　　　)

> 図１で，導線に電流を流すと，㋐，㋑のうち，(①)の向きに(②)状の磁界ができる。

図１

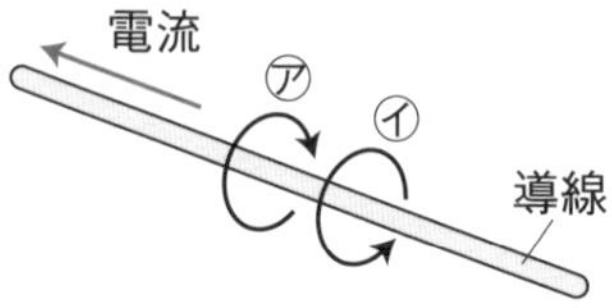

(2) 図２の㋕～㋙の位置に磁針を置いたとき，N極はどの向きを指すか。下のa～dからそれぞれ選びなさい。
㋕(　　)　㋖(　　)　㋗(　　)
㋘(　　)　㋙(　　)

図２

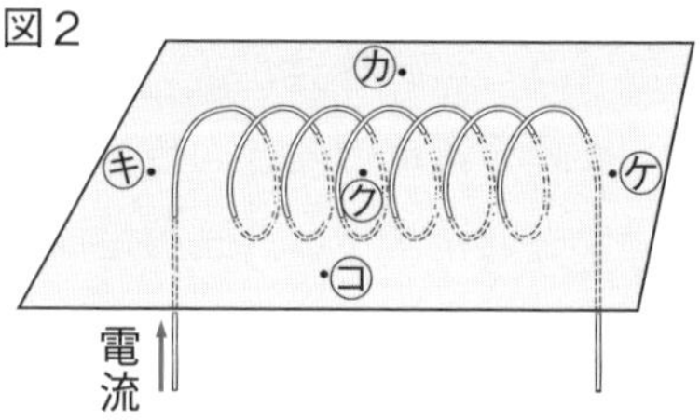

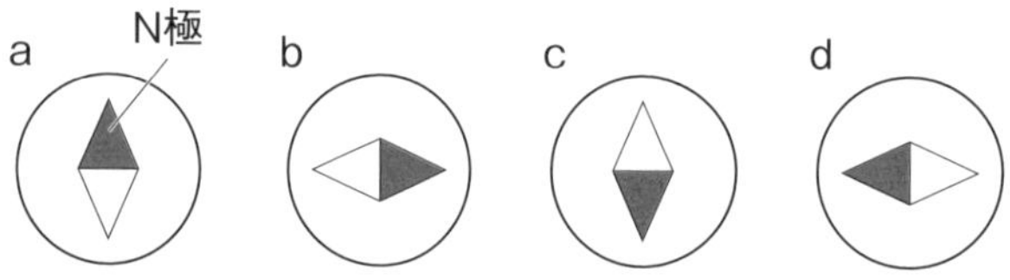

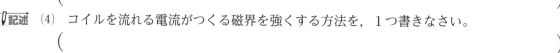

[記述] (3) コイルを流れる電流がつくる磁界の向きを逆にする方法を，１つ書きなさい。
(　　　　　　　　　　　　)

[記述] (4) コイルを流れる電流がつくる磁界を強くする方法を，１つ書きなさい。
(　　　　　　　　　　　　)

[3] 下の図１のように，磁界の中で導線に電流を流したところ，導線が㋐の方向に動いた。電流の向きや磁石の向きを図２～４のように変えると，導線はそれぞれ㋐，㋑のどちらの方向に動くか。

3点×3〔9点〕

図２(　　)　図３(　　)　図４(　　)

図１

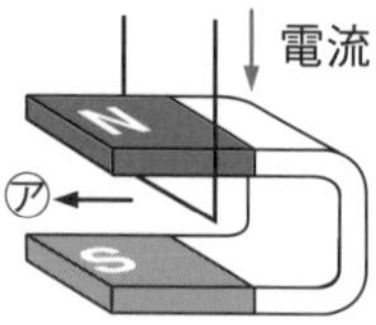

図２

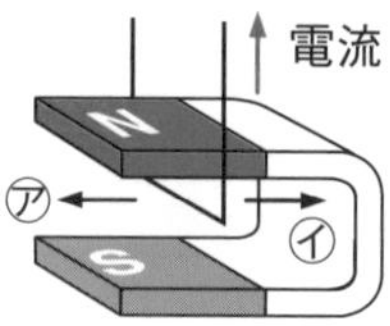

図３

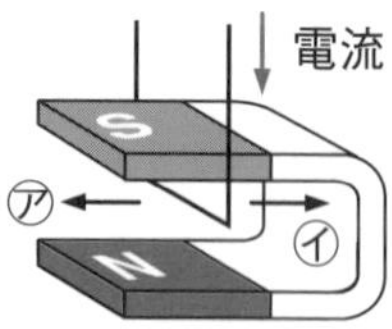

図４

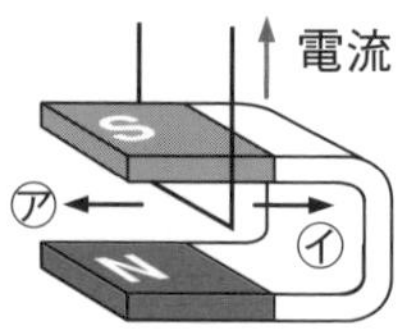

4 右の図は，モーターの模式図である。電流を流すと，㋐㋑，㋒㋓の部分は図の矢印の向き
に回転した。これについて，次の問いに答えなさい。　　　　　　　　　4点×5〔20点〕

(1) ㋐㋑，㋒㋓の部分での電流の向きは，a〜dのどの向きか。

㋐㋑(　　　)　㋒㋓(　　　)

(2) 右の図で，磁石による磁界の向きは上向きか，下向きか。

(　　　　　　)

(3) 磁石の位置は変えず，電流の向きを逆にすると，㋐㋑，㋒
㋓の回転はどうなるか。　　　　　(　　　　　　　　)

(4) 流れる電流を大きくすると，電流が磁界から受ける力はど
うなるか。　　　　　　　　　　　(　　　　　　　　)

5 右の図のようにして，棒磁石とコイルで電圧を生じさせる実験を行った。これについて，
次の問いに答えなさい。　　　　　　　　　　　　　　　　　　　　3点×4〔12点〕

(1) 棒磁石やコイルを動かすと，コイルに電流が流れる。この
現象を何というか。　　　　　　　(　　　　　　)

(2) (1)の現象によって流れる電流を何というか。

(　　　　　　)

(3) 図で，棒磁石のN極をコイルに近づけたとき，検流計の針
が左に振れた。次の**ア〜ウ**の中で，検流計の針が右に振れる
ものをすべて選びなさい。

(　　　　　　)

ア 棒磁石のN極をコイルから遠ざけたとき

イ 棒磁石のS極をコイルに近づけたとき

ウ 棒磁石のS極をコイルから遠ざけたとき

(4) コイルに流れる電流をより大きくする方法を，次の**ア〜オ**からすべて選びなさい。

(　　　　　　)

ア 磁石を動かさない。　　**イ** 磁石をゆっくり動かす。　　**ウ** 磁石を速く動かす。

エ コイルの巻数を多くする。　　**オ** コイルの巻数を少なくする。

6 電流について，次の問いに答えなさい。　　　　　　　　　　　　　　4点×5〔20点〕

(1) 向きが一定である電流を何というか。　　　　　　　　　　(　　　　　　)

(2) 向きが周期的に変化する電流を何というか。　　　　　　　(　　　　　　)

(3) (2)の周期的な変化が1秒間に繰り返される回数を何というか。また，その単位は何か。

繰り返される回数(　　　　　　)　単位(　　　　　　)

(4) (2)の電流を発光ダイオードに流したとき，発光ダイオードはどのように光るか。次の**ア**
〜**ウ**から選びなさい。　　　　　　　　　　　　　　　　　　　(　　　)

ア 点灯したままになる。　　**イ** 点滅する。　　**ウ** 点灯しない。

3章　電流の正体

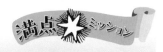

テストに出る！ **ココが要点**　解答 p.12

① 静電気と放電

[教] p.210〜p.215

1 静電気と力

(1) (①　　　　　)　2種類の物体を摩擦することでたまる電気。

(2) (②　　　　　)　電気の間ではたらく力。離れた物体どうしにもはたらく。電気には，＋と－の2種類ある。

- 同じ種類(＋と＋，－と－)の電気…退け合う力がはたらく。
- 異なる種類(＋と－)の電気…引き合う力がはたらく。

図1 電気の力

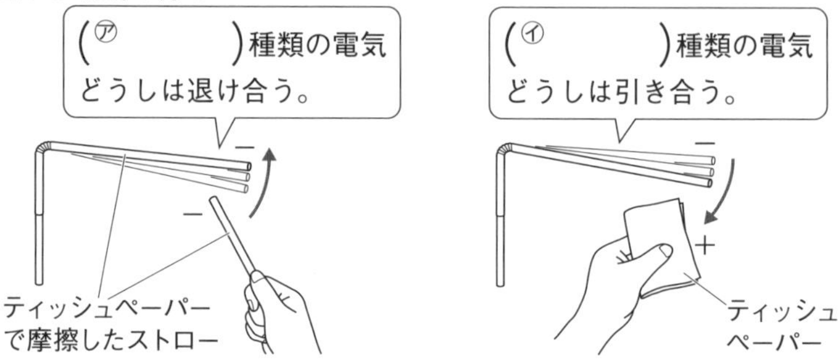
(㋐　　　　)種類の電気どうしは退け合う。
(㋑　　　　)種類の電気どうしは引き合う。
－
－
－
＋
ティッシュペーパーで摩擦したストロー
ティッシュペーパー

(3) 静電気が生じるしくみ　2種類の物体を摩擦することで生じる。一方の物体から，他方の物体に－の電気が移動して起きる。

図2 静電気が生じるしくみ

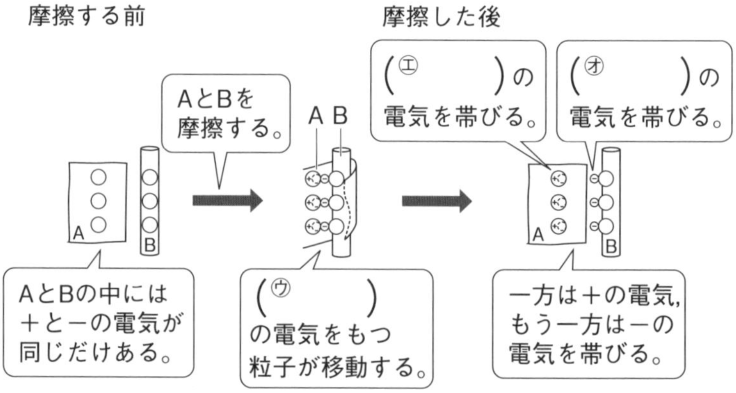
摩擦する前
摩擦した後
AとBを摩擦する。
A B
(㋓　　　)の電気を帯びる。
(㋔　　　)の電気を帯びる。
A
B
AとBの中には＋と－の電気が同じだけある。
(㋒　　　)の電気をもつ粒子が移動する。
一方は＋の電気，もう一方は－の電気を帯びる。

2 静電気と放電

(1) (③　　　　　)　たまっていた電気が空気中などの空間に，一気に流れる現象。 [例]雷

(2) (④　　　　　)　空気を抜いた放電管など，気圧を極めて低くした空間に，電流が流れる現象。 [例]蛍光灯，ネオン管

満点★ミッション

①静電気
2種類の物体を摩擦することで生じる。一方の物体から，他方の物体に－の電気が移動することで起きる。

②電気の力
静電気が生じた物体どうしの間にはたらく力。同じ種類の電気間では退け合い，異なる種類の電気間では引き合う。

③放電
たまった電気が，気体中を一気に流れる現象。雷は，雷雲の中の氷の粒どうしの摩擦により静電気が生じ，空気中を一気に流れる現象。

④真空放電
気圧を低くした空間に，電流が流れる現象。

ココが要点の答えになります。

② 電流と電子

[教] p.216~p.218

1 電子と電子線

(1) (⑤　　　　　) －の電気をもつ小さな粒子。

(2) (⑥　　　　　) **真空放電管**(クルックス管)を利用して見ることができる**電子**の流れ。

図3

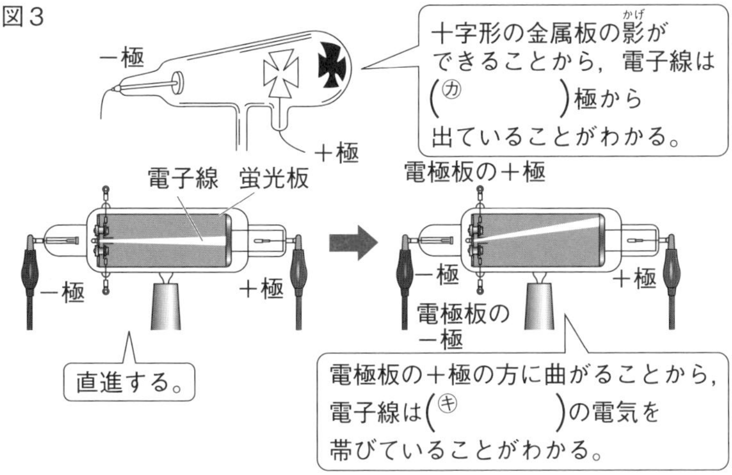

－極
＋極
十字形の金属板の影ができることから，電子線は(㋕　　　)極から出ていることがわかる。
電子線
蛍光板
電極板の＋極
－極
＋極
－極
＋極
電極板の－極
直進する。
電極板の＋極の方に曲がることから，電子線は(㋖　　　)の電気を帯びていることがわかる。

2 電子の流れと電流の向き

(1) 電子の移動の向き　導線中を－極側から＋極側へ移動する。

(2) 電流の流れる向き　電源の＋極から出て－極へ入る。

図4●導線中の電子のようす●

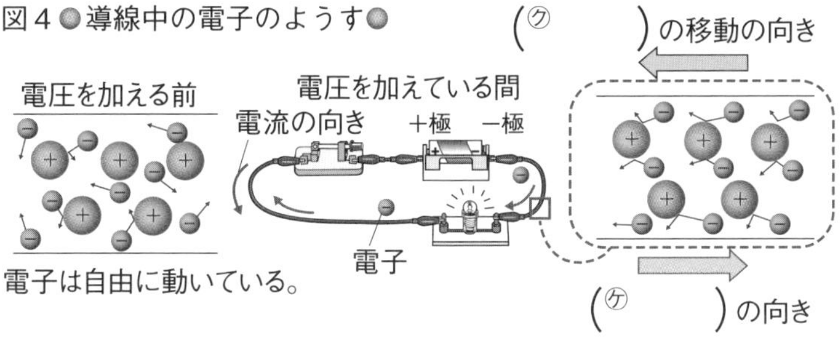

(㋗　　　)の移動の向き
電圧を加える前
電圧を加えている間
電流の向き
＋極
－極
電子
電子は自由に動いている。
(㋘　　　)の向き

③ 放射線とその利用

[教] p.219~p.221

1 放射線

(1) (⑦　　　　　) α線，β線，γ線，X線など，目に見えない高速の粒子の流れ。物質を通り抜ける性質(**透過性**)などがある。

(2) (⑧　　　　　) 放射線を放出する物質。

2 放射線の利用

- 医療分野…レントゲン撮影，CT，がんの**放射線治療**など。
- 農業分野…ジャガイモの発芽防止，品種改良など。
- 工業分野…空港の手荷物検査，非破壊検査，強化プラスチックなど。

満点ミッション

⑤**電子**
－の電気をもつ小さな粒子。

⑥**電子線(陰極線)**
真空放電管(クルックス管)に高電圧を加えると，－極から＋極に向かって出る，電子の流れ。

ポイント
電子線に磁石を近づけると曲がることから，電子の流れが電流であることもわかる。

⑦**放射線**
放射性物質から放出される，高エネルギーで高速な粒子や電磁波(光の一種)の流れ。

⑧**放射性物質**
放射線を放出する物質。ウランなど。

ポイント
自然界にも放射性物質が存在していて，自然放射線を出している。微量ながら，空気中の放射線を浴びたり，呼吸や食事によって，放射性物質を体内にとりこんでいる。

テストに出る！

予想問題　3章　電流の正体

⏱30分

/100点

1 下の図のように，静電気について調べる実験を行った。これについて，あとの問いに答えなさい。ただし，ストローをティッシュペーパーでこすった後のティッシュペーパーは，＋の電気を帯びていたことがわかっている。
5点×4〔20点〕

❶2本のストローA，Bを，ティッシュペーパーで十分に摩擦する。

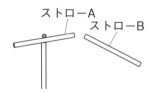

❷ストローAが回転できるような装置を組み立て，ストローBを近づける。

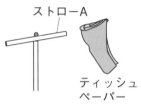

❸ストローをこすったティッシュペーパーを，ストローAに近づける。

(1) 異なる物体どうしの摩擦によって生じ，物体にたまる電気のことを何というか。
（　　　　）

(2) ❶で，ティッシュペーパーでこすると，ストローは，＋，－どちらの電気を帯びるか。
（　　　　）

(3) (2)の理由について述べた文として正しいものを，次のア～エから選びなさい。（　　　）

　ア　＋の電気をもつ粒子が，ティッシュペーパーからストローに移動したから。

　イ　＋の電気をもつ粒子が，ストローからティッシュペーパーに移動したから。

　ウ　－の電気をもつ粒子が，ティッシュペーパーからストローに移動したから。

　エ　－の電気をもつ粒子が，ストローからティッシュペーパーに移動したから。

(4) 右の表は，❷，❸の結果についてまとめたものである。表の（　）にあてはまる言葉の組み合わせとして正しいものを，次のア～エから選びなさい。
（　　　）

ストローAに近づけたもの	ストローAの動き
❷ストローB	（　　X　　）
❸ティッシュペーパー	（　　Y　　）

　ア　X遠ざかる。　　Y近づく。　　イ　X近づく。　　Y遠ざかる。

　ウ　X遠ざかる。　　Y遠ざかる。　　エ　X近づく。　　Y近づく。

2 右の図のように，乾いた布で摩擦した下敷きにネオン管を近づけた。これについて，次の問いに答えなさい。　5点×3〔15点〕

(1) ネオン管はどうなるか。次のア～エから選びなさい。（　　　　）

　ア　点灯し続ける。　　イ　一瞬だけ点灯する。

　ウ　点滅し続ける。　　エ　変化は起こらない。

摩擦した下敷き

ネオン管

記述 (2) (1)のようになったのはなぜか。理由を書きなさい。

（　　　　　　　　　　　　　　　　　　　　　　）

(3) このように，たまっていた電気が空間を移動する現象を何というか。　（　　　　　　）

よく出る **3** 下の図のように，クルックス管に電圧を加えた。これについて，あとの問いに答えなさい。

5点×8〔40点〕

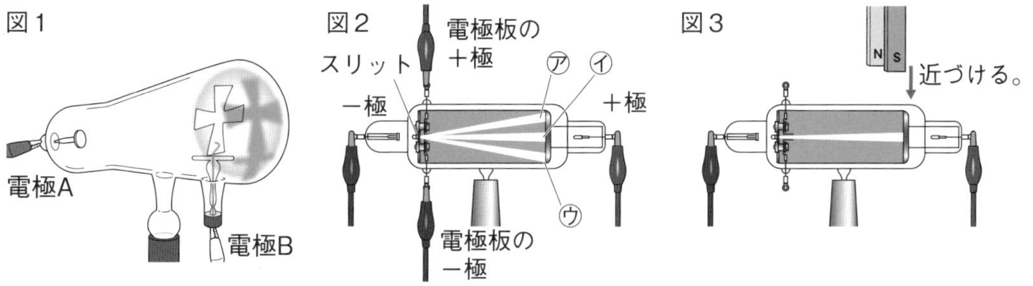
図1
電極A
電極B
図2
電極板の
＋極
スリット
ア
イ
－極
＋極
ウ
電極板の
－極
図3
N
S
近づける。

(1) 電圧を加えたとき，図1のように影ができた。このとき電極Aは電源の＋極と－極のどちらにつながっているか。（　　　）

(2) 図2で，上下方向の電極板に電圧を加えていないとき，明るい線は㋐～㋒のどの方向に進むように見えるか。（　　）

(3) 図2で，上下方向の電極板に電圧を加えたとき，明るい線は㋐～㋒のどの方向に進むように見えるか。（　　）

(4) 図3で，磁石を近づけると，明るい線はどうなるか。（　　　）

(5) この実験でクルックス管内に観察できた明るい線のことを何というか。

（　　　）

(6) (5)は小さな粒子の流れである。この粒子を何というか。（　　　）

(7) (6)の性質について，次のア～エから正しいものを2つ選びなさい。（　　）（　　）

ア　電源の＋極から－極に移動する。　イ　電圧が加わっているときは，動かない。

ウ　－の電気をもっている。　エ　銅などの金属の中で，自由に動いている。

4 放射線について述べた次の文について，あとの問いに答えなさい。　5点×5〔25点〕

放射線を出す物質を（ ① ）といい，放射線には，高速の粒子の流れであるα線やβ線，光（電磁波）の一種であるγ線や㋐X線などがある。放射線には，目に見えない性質や，物質を通り抜ける（ ② ）という共通の性質のほか，㋑物質の性質を変化させる性質や，大量照射(しょうしゃ)すると㋒細胞を死滅(しめつ)させる性質などがあり，各分野に利用されている。

(1) 文中の（　）にあてはまる言葉を書きなさい。①（　　　）②（　　　）

(2) 右の図は，3種類の放射線の文中②の性質を模式的に表したものである。レントゲン撮影などに利用されている下線部㋐のX線は，どの放射線と同じくらいの②をもつか。（　　　）

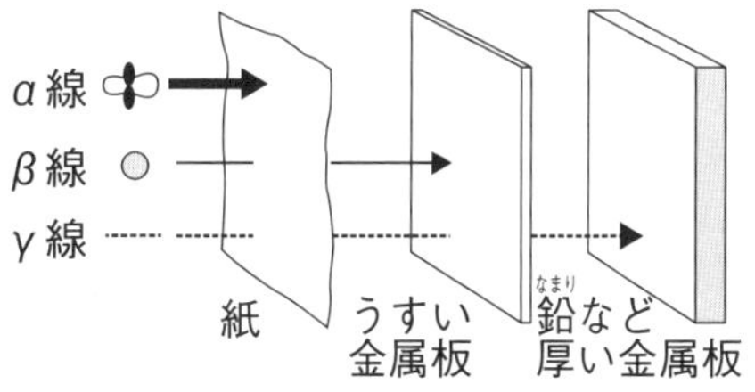
α線
β線
γ線
紙
うすい
金属板
鉛など
厚い金属板

(3) 下線部㋑，㋒を利用したものを，次のア～ウからそれぞれ選びなさい。㋑（　　）㋒（　　）

ア　強化プラスチック　イ　がんの放射線治療　ウ　空港での手荷物検査

1章 気象観測
2章 気圧と風

①気象
気温，気圧の変化などの大気(たいき)の状態によって現れる雨や風などの現象。

②気象要素
大気の状態を表すのに必要な要素のこと。

ポイント

気象衛星，気象レーダー，アメダスなど，高度な観測システムによって得られた，精確な気象データによって，予測が行われている。

ポイント

放射冷却…大気中の水蒸気量が少なく，よく晴れたの日の夜に起こりやすい。上空(くう)に雲や水蒸気など熱を吸収するものがないため，昼間たまった熱が上空に逃げる。そのため，日の出ごろが最も気温が下がる。

テストに出る! **ココが要点** 解答 p.13

① 気象観測　教 p.236～p.245

1 気象要素

(1) (① 　　　　　) 大気中で起こるさまざまな自然現象。

(2) (② 　　　　　) 天気の変化に関係する，雲量，<u>気温</u>，湿度(しつど)，<u>気圧</u>，風向・風速(風力)，降水量など。

2 気象観測の方法

(1) 雲量と天気　空全体を10としたときの雲が占(し)める割合から天気を決める。

(2) 気温・湿度　<u>乾湿計(かんしつけい)</u>で地上およそ1.5mの高さではかる。気温は乾球(かんきゅう)の示度で，湿度は乾球と湿球(しっきゅう)の示度の差から，湿度表を使って求める。観測結果が保存できる，<u>データロガー</u>でも測定できる。

(3) 気圧　気圧計を使って測定。単位は<u>ヘクトパスカル</u>(hPa)。

(4) 風向・風力　風向風速計を用いてはかる。風向は風のふいてくる方向を<u>16方位</u>で表す。風力は13段階の風力階級で求める。

図1 ●雲と天気●

雲量	天気	記号
0, 1	(⑦　　)	◯
2～8	(⑦　　)	◖
9, 10	(⑦　　)	◎
―	雨	●
―	雪	⊗

3 気象要素と天気の関係

(1) 気圧と天気　気圧が高くなると<u>晴れる</u>ことが多く，気圧が低いとくもりや雨になることが多い。

(2) 気温・湿度の変化と天気

●晴れの日…気温・湿度の変化が<u>大きい</u>。晴れの日の最高気温は，午後<u>2</u>時ごろ。最低気温は<u>日の出</u>ごろ。(<u>放射冷却(れいきゃく)</u>の影響(えいきょう))

●くもり・雨の日…気温・湿度の変化が<u>小さい</u>。

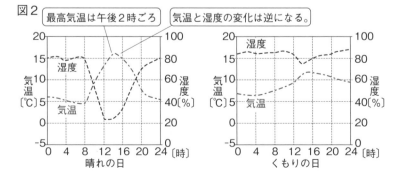

図2

最高気温は午後2時ごろ　気温と湿度の変化は逆になる。

晴れの日　くもりの日

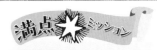

② 気圧と風

教 p.246～p.255

1 圧力

（1）（③　　　　　）単位面積1 m^2当たりに垂直にはたらく力の大きさ。単位は（④　　　　　）。（記号Pa）

$$\text{圧力〔Pa〕} = \frac{\text{面に垂直に加わる力〔N〕}}{\text{力の加わる面積〔}m^2\text{〕}}$$

図3

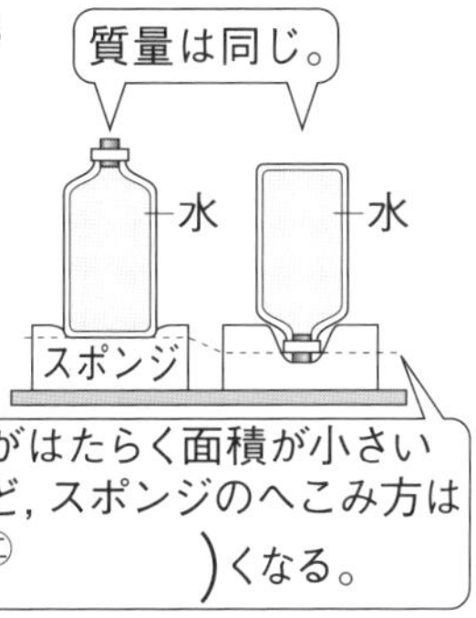
質量は同じ。
水
水
スポンジ
力がはたらく面積が小さいほど，スポンジのへこみ方は（㋓　　　　）くなる。

2 気圧

（1）（⑤　　　　　）地球をとりまく気体のこと。質量がある。

（2）（⑥　　　　　）大気に押されることで生じる圧力。あらゆる方向に同じ大きさではたらく。また，標高の高いところでは，大気圧は低い。単位は（⑦　　　　　）（記号hPa）。または，気圧。

1hPa＝100Pa　1気圧＝約1013hPa

3 気圧配置と風

（1）（⑧　　　　　）観測された気象要素を，天気図記号を用いて地図上に記録したもの。

図4 天気図記号

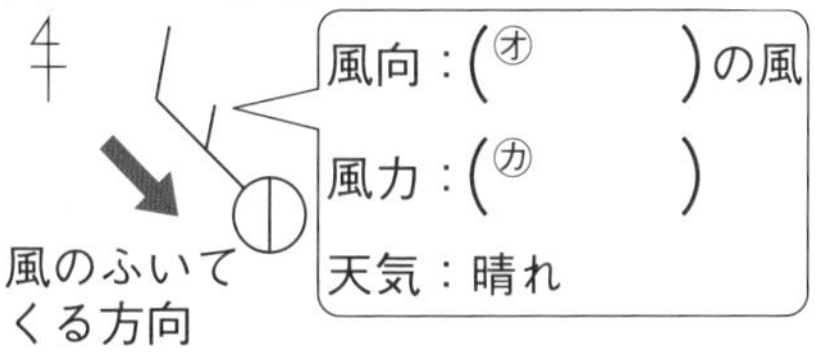
風向：（㋔　　　　）の風
風力：（㋕　　　　）
天気：晴れ
風のふいてくる方向

（2）（⑨　　　　　）気圧の値の等しい地点を，滑らかな曲線で結んだもの。1000hPaを基準に，4hPaごとに引かれていて，見やすいように20hPaごとに太線が引かれている。等圧線の間隔が狭いところほど風が強い。

（3）（⑩　　　　　）まわりよりも気圧が高いところ。中心付近では（⑪　　　　　）が生じ，風が時計回りにふき出している。

（4）（⑫　　　　　）まわりよりも気圧が低いところ。中心付近では（⑬　　　　　）が生じ，風が反時計回りにふきこんでいる。

図5

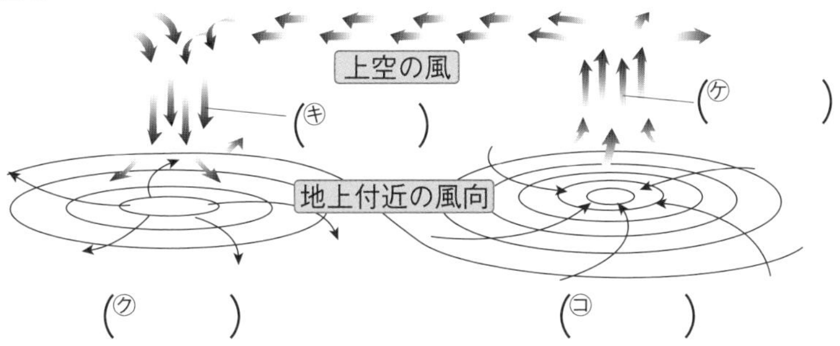
上空の風
（㋖　　　　）
（㋘　　　　）
地上付近の風向
（㋗　　　　）
（㋙　　　　）

満点ミッション

③**圧力**
単位面積1 m^2当たりに垂直にはたらく力の大きさ。

④**パスカル**
圧力の単位。記号はPa。

⑤**大気**
地球をとりまく気体。

⑥**気圧（大気圧）**
大気の重力による圧力。標高が高くなるほど低くなる。

⑦**ヘクトパスカル**
大気圧の単位。記号はhPa。

⑧**天気図**
一定時刻ごとに観測された気象要素を，天気図記号を使って地図に記録したもの。

⑨**等圧線**
等しい気圧の地点を結んだ線。1000hPaを基準に，4hPaごとに引き，20hPaごとに太線を引く。

⑩**高気圧**
まわりよりも気圧が高いところ。

⑪**下降気流**
図5の㋖。下向きの空気の流れ。

⑫**低気圧**
まわりよりも気圧が低いところ。

⑬**上昇気流**
図5の㋘。上向きの空気の流れ。

テストに出る!

予想問題

1章　気象観測
2章　気圧と風

⏱ 30分

/100点

1 下の図は，ある日時の気象観測の結果である。あとの問いに答えなさい。　4点×7〔28点〕

❶空全体を10としたときの雲の占める割合は30%であった。

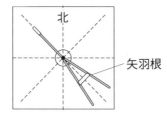

北　矢羽根

❷風向風速計を真上から見たようす。風速から求めた風力は3であった。

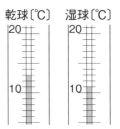

乾球〔℃〕　湿球〔℃〕

❸乾湿計での示度。

(1)　❶から，このときの雲量と天気を答えなさい。　　雲量（　　　）　天気（　　　）

(2)【作図】❶，❷から，このときの天気，風向，風力を，天気図記号を使って，右の図に表しなさい。ただし，上を北とする。

(3)　❸から，このときの湿度は何%か。右下の湿度表を用いて答えなさい。　　（　　　　　）

(4)　1日の気温の差が大きいのは，晴れの日とくもりの日のどちらか。　（　　　　　）

(5)【記述】晴れの日に，最も日射が強くなるのは正午ごろだが，最高気温になるのは午後2時ごろになるのはなぜか。
（　　　　　　　　　　　　　）

(6)　全国に多数の気象観測点があり，雨量，気温，風向，風速などを自動的に観測してデータを送るシステムをカタカナで書きなさい。　（　　　　　）

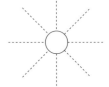

乾球〔℃〕	乾湿球の差〔℃〕				
	0	1	2	3	4
14	100	89	78	67	57
13	100	88	77	66	55
12	100	88	76	65	53
11	100	87	75	63	52
10	100	87	74	62	50

2 右の図のように，からの缶に少量の水を入れて加熱し，沸騰させた後，しばらくしてからキャップを閉めて，水をかけて冷やした。これについて，次の問いに答えなさい。　4点×5〔20点〕

(1)　水をかけた後，缶はどうなるか。　　（　　　　　）

(2)　(1)のようになった理由を説明した次の文の（　）にあてはまる言葉を書きなさい。　　①（　　　　　）　②（　　　　　）

缶を加熱すると，中の水が（　①　）になって体積が大きくなり，中の空気を押し出す。缶が冷えると，中の（①）が水に戻り，缶の中の気体が減った分，体積が小さくなる。そのため，内側から缶を押す力が，缶の外側から押される力より（　②　）なった。

(3)　この実験で確かめたような，空気中ではたらく圧力を何というか。　（　　　　　）

(4)　(3)の圧力は，何にはたらく重力によって生じるか。　（　　　　　）

教科書
p.230～p.255

3 右の図1のように，質量2kgになるように水を入れたペットボトルを，スポンジの上に逆さまに立て，スポンジがへこむようすを調べる実験を行った。これについて，次の問いに答えなさい。ただし，100gの物体にはたらく重力を1Nとし，板の質量は考えないものとする。　4点×6〔24点〕

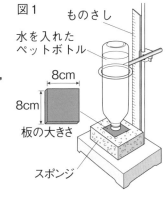

図1　ものさし
水を入れたペットボトル
8cm
8cm
板の大きさ
スポンジ

(1)　ペットボトルが板を押す力は何Nか。　（　　　　）

(2)　板の面積は何m²か。　（　　　　）

(3)　板がスポンジに加える圧力は何Paか。　（　　　　）

(4)　図2のように，ペットボトルの置き方や板を変えて，スポンジのへこみ方を調べた。A，Bのとき，スポンジのへこみ方は，図1と比べてどうなるか。次のア～ウから選びなさい。A（　　）　B（　　）

図2
A　　　　　B
8cm×8cmの板　　4cm×4cmの板

ア　大きくなる。
イ　小さくなる。
ウ　変わらない。

(5)　圧力について正しく説明したものを，次のア～エからすべて選びなさい。（　　　　）

ア　面を押す力が同じ場合，接する面積が大きいほど，圧力は大きくなる。
イ　面を押す力が同じ場合，接する面積が大きいほど，圧力は小さくなる。
ウ　接する面積が同じ場合，面を押す力が大きいほど，圧力は大きくなる。
エ　接する面積が同じ場合，面を押す力が大きいほど，圧力は小さくなる。

4 右の図は，日本付近の低気圧と高気圧のようすを表したものである。これについて，次の問いに答えなさい。　4点×7〔28点〕

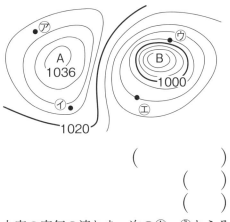

ア
A 1036
ウ
B 1000
イ
エ
1020

(1)　図のように，気圧の同じ地点を結んだ線を何というか。　（　　　　）

(2)　気圧の単位hPaの読み方をカタカナで書きなさい。　（　　　　）

(3)　図の㋓の地点の気圧は何hPaか。　（　　　　）

(4)　高気圧の中心は，図のA，Bのどちらか。　（　　　　）

(5)　図の㋐～㋓で，最も風が強い地点はどこか。　（　　　　）

(6)　図のA，Bで，地上にふいている風の向きと，上空の空気の流れを，次のあ～えからそれぞれ選びなさい。　A（　　）　B（　　）

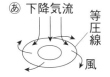
あ 下降気流　等圧線　風

い

う 上昇気流

え

3章　天気の変化

① 露点
　空気中の水蒸気が凝結して水滴ができ始めるときの温度。

② 飽和水蒸気量
　図1の曲線。空気1 m³中に含むことのできる最大限の水蒸気量。

③ 湿度
　空気の湿り気の度合い。1 m³中の空気に含まれる水蒸気量を, その気温での飽和水蒸気量に対する百分率(%)で表す。

④ 雲
　空気中の水蒸気が細かい水滴に変わって, 上空に浮いているもの。

⑤ 霧
　地表付近で空気が冷やされて露点に達し, 空気中の水蒸気が細かい水滴となって地表付近に浮かんでいるもの。

ポイント

雲をつくる水滴や氷の粒が合体して成長し, 上昇気流で支えきれなくなって落ちてきたものが, 雨や雪である。

テストに出る！ **ココが要点**　解答 p.14

① 空気中の水蒸気の変化　教 p.256～p.266

1 露点と湿度

(1) (①　　　　　) 空気中の水蒸気が凝結し始める温度。

(2) (②　　　　　) 空気1 m³中に含むことのできる最大限の水蒸気量。

図1 ●1m³中に12.8gの水蒸気を含む空気を25℃から5℃に冷やしたとき●

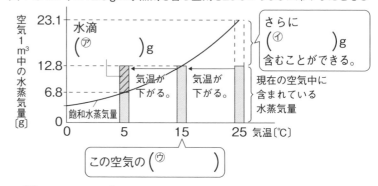

縦軸: 空気1 m³中の水蒸気量〔g〕　23.1　12.8　6.8　0
横軸: 気温〔℃〕　0　5　15　25

水滴 (㋐　　　　　)g

さらに (㋑　　　　　)g 含むことができる。

気温が下がる。　気温が下がる。

飽和水蒸気量

現在の空気中に含まれている水蒸気量

この空気の (㋒　　　　　)

(3) (③　　　　　) 空気中に含まれている水蒸気量を, そのときの気温の飽和水蒸気量に対する百分率で表したもの。

図2　$湿度〔\%〕 = \dfrac{空気中に含まれている水蒸気の量〔g/m^3〕}{その気温での (㋓\qquad) 〔g/m^3〕} \times 100$

2 雨や雲のでき方

(1) 上空の気圧と気温　高いところほど, 気圧と気温は低い。

(2) (④　　　　　) 上空を覆う細かい水滴や氷の粒。

(3) (⑤　　　　　) 地上付近にできた雲のこと。

(4) 雲の発生　上昇気流によって発生する。

図3 ●雲のでき方●

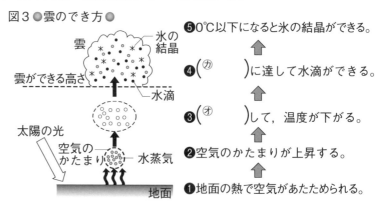

雲　氷の結晶　雲ができる高さ　水滴　太陽の光　空気のかたまり　水蒸気　地面

❺ 0℃以下になると氷の結晶ができる。

❹ (㋕　　　　) に達して水滴ができる。

❸ (㋔　　　　) して, 温度が下がる。

❷ 空気のかたまりが上昇する。

❶ 地面の熱で空気があたためられる。

3 水の循環

(1) 水の循環　地球上の水は，気体⇔液体⇔固体と，**状態変化**しながら，海洋と陸地と大気の間を巡っている。

(2) 水の循環のエネルギー　太陽のエネルギーが，水を循環させたり，大気を動かしたりする。

② 前線と天気の変化

[教] p.267〜p.273

1 気団(きだん)と前線(ぜんせん)

(1) (⑥　　　　　)　気温や湿度が一様な空気のかたまり。

● (⑦　　　　　)…冷たい空気のかたまり。

● (⑧　　　　　)…あたたかい空気のかたまり。

(2) (⑨　　　　　)　性質の異なる気団が接する境界面。

(3) (⑩　　　　　)　前線面(ぜんせんめん)が地表面と接するところ。

(4) 前線の種類

種類	記号	特徴
(⑪　　　)	どちらにも進まない	寒気団と暖気団がぶつかり合い，ほとんど動かない前線。例：梅雨(ばいう)前線・秋雨(あきさめ)前線
(⑫　　　)	進行方向↓	寒気が暖気の下にもぐりこみ，暖気を押し上げながら進む前線。
(⑬　　　)	↑進行方向	暖気が寒気の上にはい上がり，寒気を押しやりながら進む前線。
(⑭　　　)	進行方向↑	寒冷前線が温暖前線に追いついてできる前線。

2 前線通過と天気の変化

(1) 温暖前線(おんだんぜんせん)付近　**広い範囲(はんい)**に弱い雨が**長時間**降る。通過後は，南寄りの風がふき，暖気に覆われるため，気温が**上がる**。

(2) 寒冷前線(かんれいぜんせん)付近　**狭い範囲**に強い雨が**短時間**降る。通過後は，**北寄りの風**に急変し，寒気に覆われるため，気温が**下がる**。

図4

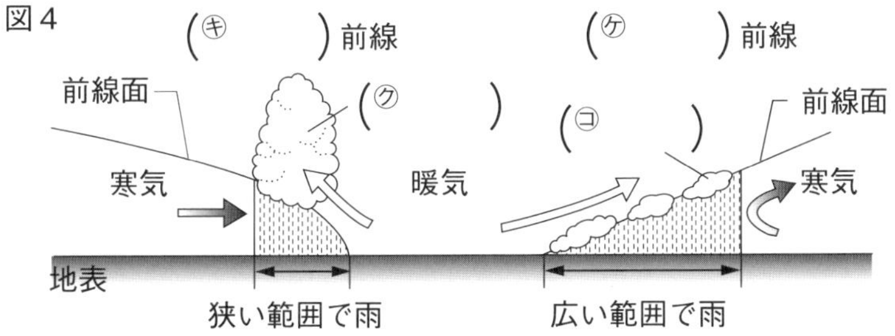

(キ　　　)前線
(ケ　　　)前線
前線面
(ク　　　)
(コ　　　)
前線面
寒気
暖気
寒気
地表
狭い範囲で雨
広い範囲で雨

3 日本付近の大気の動き

(1) (⑮　　　　　)　日本列島がある**中緯度帯(ちゅういど)**の上空を，西から東に1年中ふいている風。このため，春や秋は，移動性高気圧や低気圧が，**西**から**東**へ交互(こうご)に移動する。

満点ミッション

⑥**気団**
気温・湿度が一様な空気のかたまり。

⑦**寒気団(かんきだん)**
冷たい空気のかたまり。

⑧**暖気団(だんきだん)**
あたたかい空気のかたまり。

⑨**前線面**
性質の異なる気団が接した境界面。

⑩**前線**
前線面と地表面が接した部分。

⑪**停滞前線(ていたいぜんせん)**
勢力の同じ気団がぶつかり合うときにできる前線。

⑫**寒冷前線**
寒気が暖気の下にもぐりこむようにして進む前線。

⑬**温暖前線**
暖気が寒気の上にはい上がるように進む前線。

⑭**閉塞前線(へいそくぜんせん)**
寒冷前線が温暖前線に追いついてできる前線。閉塞前線ができると地上は寒気に覆われる。

⑮**偏西風(へんせいふう)**
中緯度帯の上空でふく西寄りの風。

テストに出る！

予想問題 3章 天気の変化

⏱30分

/100点

よく出る **1** 図1のように，気温25℃の部屋で，コップの中の水温を下げたところ，10℃のときにコップの表面に水滴がつき始めた。図2は，空気1m³中に含むことのできる最大限の水蒸気量を表している。次の問いに答えなさい。

3点×8〔24点〕

記述 (1) この実験で，金属製のコップを使うのはなぜか。

(　　　　　　　　　　　　　　)

(2) コップの表面に水滴がつき始めるときの温度を何というか。(　　　　　)

(3) 空気1m³中に含むことのできる最大限の水蒸気量を何というか。(　　　　　)

(4) この部屋での(3)は何gか。(　　　　　)

(5) この部屋の空気1m³中には，何gの水蒸気が含まれているか。(　　　　　)

(6) この部屋の空気1m³中には，さらに何gの水蒸気を含むことができるか。(　　　　　)

(7) この部屋の湿度は何％か。小数第1位を四捨五入して，整数で答えなさい。(　　　　　)

(8) この部屋の温度が0℃まで下がったとすると，空気1m³中に，およそ何gの水滴ができるか。(　　　　　)

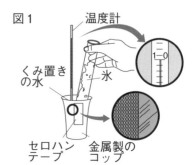

図1 温度計 くみ置きの水 氷 セロハンテープ 金属製のコップ

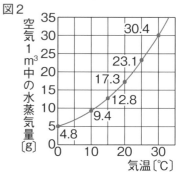

図2 空気1m³中の水蒸気量〔g〕 気温〔℃〕 30.4 23.1 17.3 12.8 9.4 4.8

2 右の図のような装置で，水を少量入れたフラスコに温度計をとりつけ，線香の煙を入れてから，ピストンを素早く引いたところ，フラスコ内が白くくもった。

4点×7〔28点〕

記述 (1) フラスコ内に線香の煙を入れたのはなぜか。

(　　　　　　　　　　　　　　　　)

(2) ピストンを素早く引いたとき，ゴム風船はどうなるか。

(　　　　　　　　)

(3) この実験について考察した次の文の(　)にあてはまる言葉を書きなさい。　①(　　　)　②(　　　)
③(　　　)　④(　　　)　⑤(　　　)

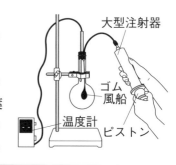

大型注射器 ゴム風船 温度計 ピストン

ゴム風船が(2)のようになったのは，フラスコ内の気圧が下がり，空気が(①)したためである。フラスコ内の白いくもりは，空気が(①)して温度が(②)がり，(③)より低くなったため，空気中に含まれていた水蒸気が(④)して水滴になったからである。自然界では，(⑤)気流が発生するときに，同じように雲ができる。

[3] 自然界の水は，右の図のように循環している。これについて，次の問いに答えなさい。 3点×4〔12点〕

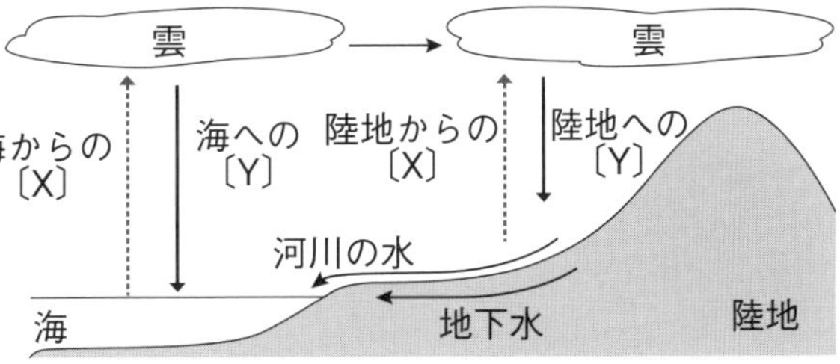

⑴ 右の図の，X，Yにあてはまる現象をそれぞれ答えなさい。
X（　　　　）　Y（　　　　）

⑵ Xの現象によって，水は何になって大気中に送りこまれるか。（　　　　）

⑶ 水を循環させたり，大気を動かしたりするのは何のエネルギーか。（　　　　）

よく出る **[4]** 図1は，春のある日時の日本付近の天気図である。次の問いに答えなさい。4点×9〔36点〕

図1

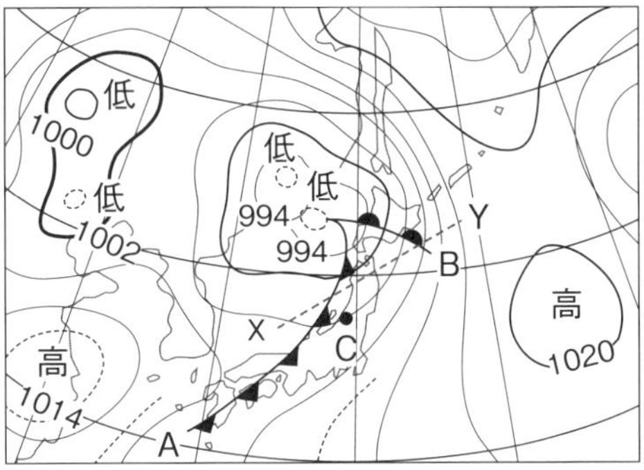

⑴ 図1のA，Bの前線名を答えなさい。
A（　　　　）　B（　　　　）

⑵ 図1のC地点でのこの後の雨の降り方を，次のア～ウから選びなさい。（　　）
ア　短時間に弱い雨が降る。
イ　長時間弱い雨が降る。
ウ　短時間に強い雨が降る。

⑶ 図1のA，Bの前線を，図のようにX---Yで切って，その垂直断面を南側から見たときのようすはどれか。次の㋐～㋓から選びなさい。（　　）

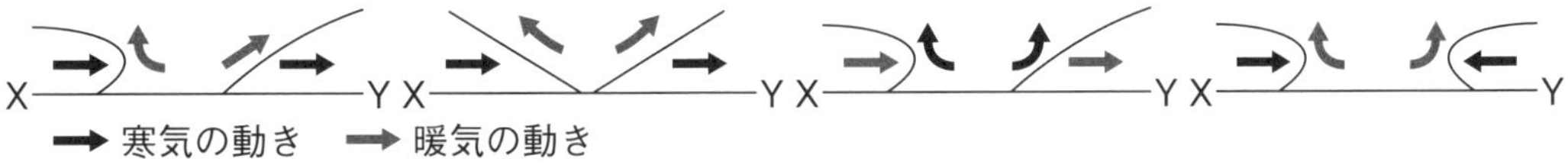

⑷ 図1のAの前線がBの前線に追いついてできる前線を何というか。（　　　　）

⑸ この後，図1のA，Bの前線をともなう低気圧は，東・西・南・北のどの方位に移動するか。（　　　　）

⑹ ⑸のように移動するのは，日本上空を何という風がふいているためか。（　　　　）

図2

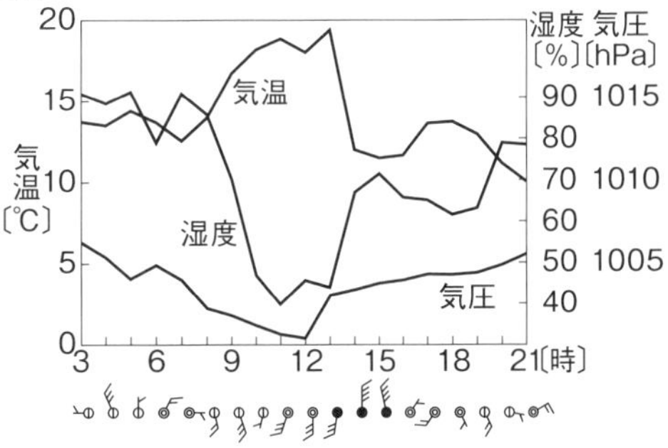

⑺ 図2は，図1のC地点におけるこの日の気象要素のグラフである。Aの前線が通過した時間帯を，次のア～ウから選びなさい。（　　）
ア　11時から12時　　イ　13時から14時
ウ　15時から16時

記述 ⑻ ⑺のように考えられる理由を，「気温」，「風向」という言葉を使って書きなさい。
（　　　　　　　　　　　　　　　　）

4章　日本の気象

テストに出る！ **ココが要点** 解答 p.15

① 日本の気象の特徴 教 p.274～p.277

1　季節風

(1) (①　　　　　　　) 日本にふく季節に特有の風。大陸と海洋の
あたたまり方と冷え方のちがいと気圧の差によって生じる。

- ●夏の季節風…大陸の気温が海洋より高く，気圧が低い。気圧の
高い海洋から大陸に向かって，あたたかい南東の風がふく。
- ●冬の季節風…海洋の気温が大陸より高く，気圧が低い。気圧の
高い大陸から海洋へ向かって，冷たい北西の風がふく。

図1

2　日本周辺の気団

(1) 気団と天気　高気圧がつくる気団は，発達する場所（南・北，
大陸・海洋）によって，気温や湿度が異なり，季節風をふかせ，
四季の天気に影響を及ぼす。

- ●(②　　　　　　　)…冬に発達。寒冷・乾燥。
- ●(③　　　　　　　)…夏に発達。高温・湿潤。
- ●(④　　　　　　　)…初夏・秋に発達。低温・湿潤。

図2

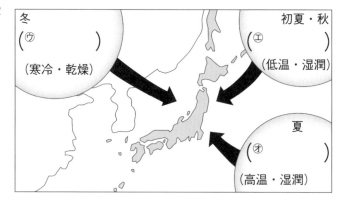

ココが要点の答えになります。

---

①季節風
日本周辺の気団の勢
力によって生じる，
それぞれの季節にふ
く特有の風。

ポイント

海岸地域では，晴れ
た日の昼間と夜間の
風のふき方が，季節
風のふき方と同じで
ある。昼間は海から
陸へ向かって海風が，
夜間は陸から海へ向
かって陸風がふく。

②シベリア気団
冬にユーラシア大陸
で成長するシベリア
高気圧の中心付近に
できる，冷たく乾燥
した気団。

③小笠原気団
夏に太平洋上で成長
する太平洋高気圧の
中心付近にできる，
あたたかく湿った気
団。

④オホーツク海気団
初夏と秋ごろに成長
するオホーツク海高
気圧の中心付近にで
きる，冷たく湿った
気団。

② 日本の四季の天気

[教] p.278～p.282

1 四季の天気

(1) 春の天気　大陸からの(⑤　　　　)と温帯低気圧が，交互に次々と日本付近に移動してきて，周期的に天気が変わる。

(2) つゆ　オホーツク海気団と小笠原気団がぶつかって停滞前線(梅雨前線)ができ，ぐずついた日が続く。

図3 ●つゆのころの天気図●

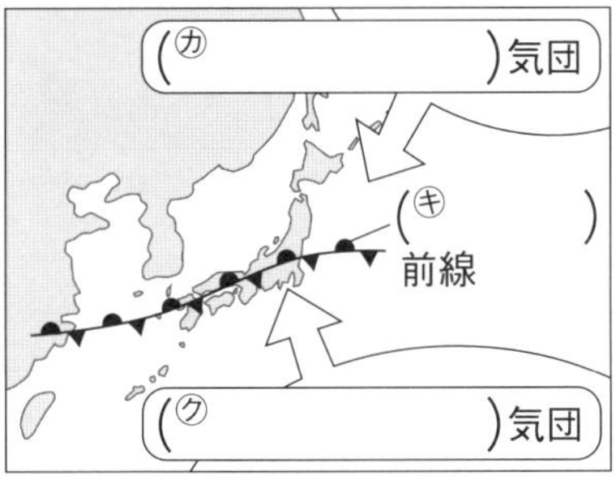
(㋕　　　　)気団
(㋖　　　　)
前線
(㋗　　　　)気団

(3) 夏の天気　小笠原気団の勢力が強くなり，南東の季節風がふき，蒸(む)し暑い晴天の日が続く。

(4) 秋の天気　秋雨前線の影響で雨が降りやすいが，やがて移動性高気圧に覆われ，晴天が多くなる。

(5) 冬の天気　シベリア気団の影響で，(⑥　　　　)の気圧配置となり，北西の季節風がふく。日本海側は大量の雪が降り，太平洋側は乾燥した晴天の日が続く。

図4 ●冬の日本付近の天気●

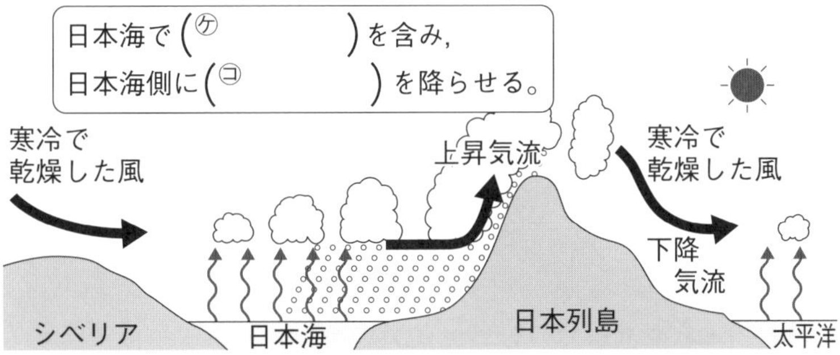
日本海で(㋘　　　　)を含み，
日本海側に(㋙　　　　)を降らせる。
寒冷で
乾燥した風
上昇気流
寒冷で
乾燥した風
下降
気流
シベリア
日本海
日本列島
太平洋

(6) (⑦　　　　)　熱帯の海上で発生する熱帯低気圧のうち，中心付近の最大風速が毎秒17.2m以上になったもの。7月～10月にかけて，日本付近に近づき，小笠原気団が弱まると北上し，偏西風の影響で，東寄りに進路を変える。

③ 自然の恵みと気象災害

[教] p.283～p.287

(1) 自然エネルギーの利用　太陽光発電・風力発電など。

(2) 気象災害　大雨・台風による土砂(どしゃ)災害，洪水(こうずい)・浸水(しんすい)，高潮(たかしお)や突風(とっぷう)による災害，大雪による被害(ひがい)(北日本や日本海側)など。

(3) 自然の恵(めぐ)み　降水は貴重な水資源。その他，観光資源など。

満点★ミッション

⑤移動性高気圧
移動する高気圧。低気圧と対になって移動する。中国大陸南部のあたたかく乾燥した大気を運びこむため，日本の春と秋に，さわやかな気候をもたらす。

ポイント
小笠原気団の勢力が強まらないと，つゆがなかなか明けず，日射量も少なくなり，冷夏になることがある。

⑥西高東低(せいこうとうてい)
冬の典型的な気圧配置。

⑦台風(たいふう)
中心気圧の最大風速が毎秒17.2m以上に達した熱帯低気圧。中心部は「台風の目」とよばれ，雲がなく，そのまわりを発達した積乱雲(せきらんうん)がとり巻く。

テストに出る！
予想問題　4章　日本の気象

30分　/100点

1 図１のように，陸上に見立てた砂と，海に見立てた水を，日光に当ててあたため，２分ごとに，表面温度を測定した。図２は，その結果をグラフに示したものである。これについて，次の問いに答えなさい。　4点×5〔20点〕

(1) 図２のグラフで，砂の温度変化を示しているのは，A，Bのどちらか。　(　　)

図１
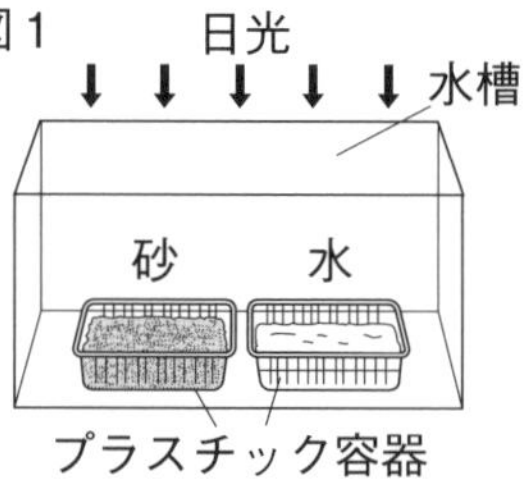

図２
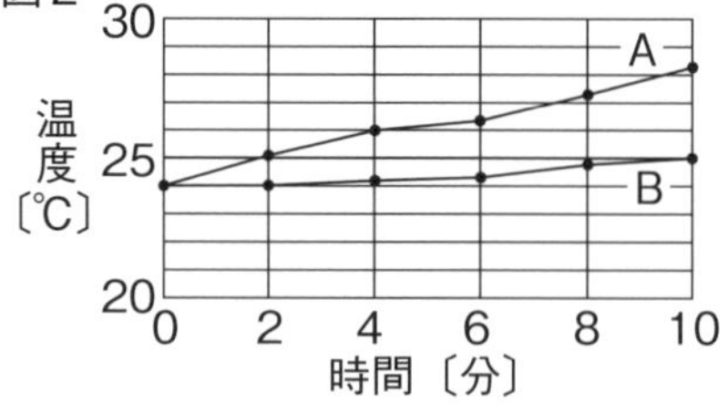

記述 (2) (1)のように考えた理由を答えなさい。
(　　　　　　　　　　　　　　　　　　　　)

(3) 実験結果から，夏は，ユーラシア大陸と太平洋上では，どちらの気温が高いと考えられるか。(　　　　　　)

(4) 夏は，ユーラシア大陸と太平洋上では，どちらの気圧が高いと考えられるか。　(　　　　　　)

(5) (3)(4)から，夏の季節風は，図３の㋐，㋑のどちらの向きにふくと考えられるか。　(　　)

図３
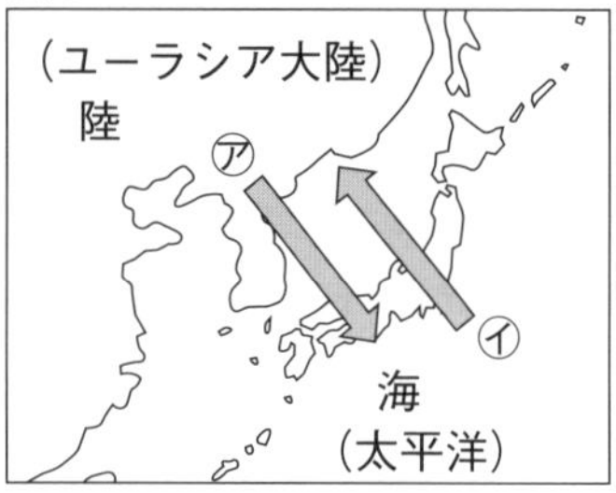

2 下の図１は日本付近のある日の天気図を，図２は冬の風の動きを模式的に示したものである。これについて，あとの問いに答えなさい。　4点×5〔20点〕

図１
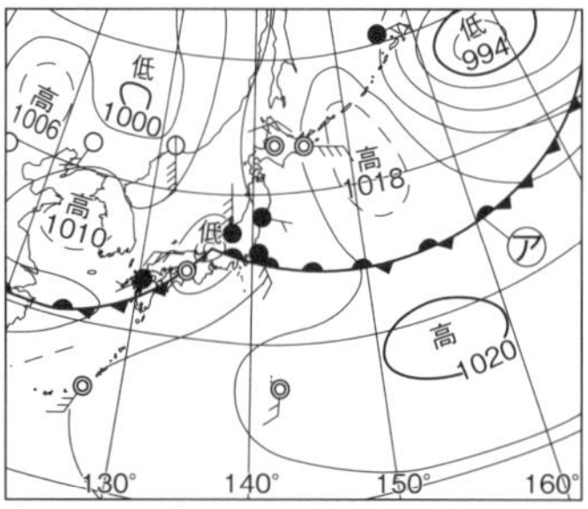

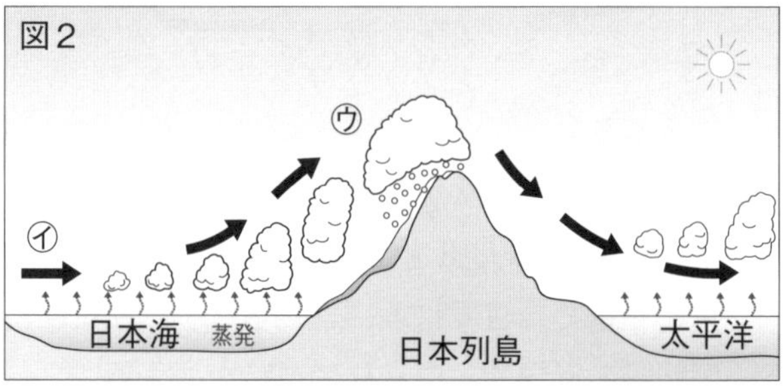

(1) 図１の㋐のような前線を，一般に何というか。　(　　　　　　)

(2) 図１の前線㋐がよく見られる時期を，次のア〜エから選びなさい。　(　　)

ア　春　　イ　つゆのころ　　ウ　夏　　エ　冬

(3) 図２の㋑は，何という気団からふいてきた風を表しているか。　(　　　　　　)

(4) 図２の㋒で発生した雲は，日本海側にどのような天気をもたらすか。(　　　　　　)

記述 (5) 図２で，太平洋側では晴れるのはなぜか。簡単に説明しなさい。
(　　　　　　　　　　　　　　　　　　　　)

よく出る 3 日本の四季の天気について，あとの問いに答えなさい。　　　　4点×15〔60点〕

図1
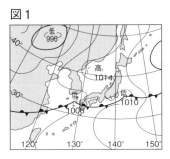

図2
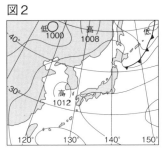

図3
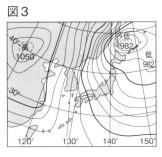

(1) 移動性高気圧が次々に通過し，同じ天気が長く続かない季節を2つ答えなさい。
　　　　　　　　　　　　　　　　　　　　　　　（　　　　）（　　　　）

(2) (1)のとき，移動性高気圧はどの方向からどの方向へ移動するか。　（　　　　　　　　）

(3) (2)のように移動する原因となるものを，次のア〜エから選びなさい。　（　　　）

　　ア　海陸風　　イ　閉塞前線　　ウ　偏西風　　エ　台風

(4) 図1は，つゆのころの天気図である。このころの天気に影響を与える気団の性質を，次のア〜エから2つ選びなさい。　　　　　　　　　　（　　　　）（　　　　）

　　ア　あたたかく乾燥した気団　　イ　冷たく乾燥した気団

　　ウ　あたたかく湿った気団　　　エ　冷たく湿った気団

(5) 図1に見られる停滞前線を何というか。　　　　　　（　　　　　　　　）

(6) 夏の終わりに見られる，(5)と同じような停滞前線を何というか。　（　　　　　　　　）

(7) 図2は，夏の天気図である。このころ，日本列島を覆う高気圧を何というか。
　　　　　　　　　　　　　　　　　　　　　　　　　（　　　　　　　　）

(8) 夏に日本付近で勢力が強くなる気団を何というか。　（　　　　　　　　）

(9) 次の文の（　）にあてはまる言葉を書きなさい。ただし，①には春・夏・秋・冬のいずれかが入るものとする。　　　　　①（　　　　　　　）　②（　　　　　　　）

> 図3は，（　①　）に典型的な（　②　）の気圧配置である。

(10) 図3のころ，ユーラシア大陸上で発達する高気圧を何というか。
　　　　　　　　　　　　　　　　　　　　　　　　　（　　　　　　　　）

(11) 台風について正しく述べているものはどれか。次のア〜オからすべて選びなさい。
　　　　　　　　　　　　　　　　　　　　　　　　　（　　　　　　　　）

　　ア　夏から秋にかけて，日本列島にやってくる。

　　イ　発達した熱帯低気圧である。

　　ウ　温帯で発生する。

　　エ　中心付近は強い下降気流が生じている。

　　オ　最大風速が毎秒7.2m以上のものを台風という。

図4　台風の進路
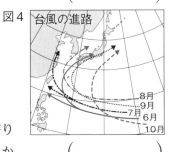

8月
9月
7月
6月
10月

(12) 日本列島付近に北上してきた台風は，図4のように，東寄りに進路を変える。この進路に影響を与えている風を何というか。　　　　（　　　　　　　　）

巻末特集　教科書で学習した内容の問題を解きましょう。

1 電流と電圧の関係 [教]p.178

抵抗の大きさが分からない電熱線Aと，60Ωの電熱線Bをつなぎ，右の図のような回路をつくった。この回路に12.0Vの電圧を加えたところ，電流計㋑は0.4Aを示した。これについて，次の問いに答えなさい。

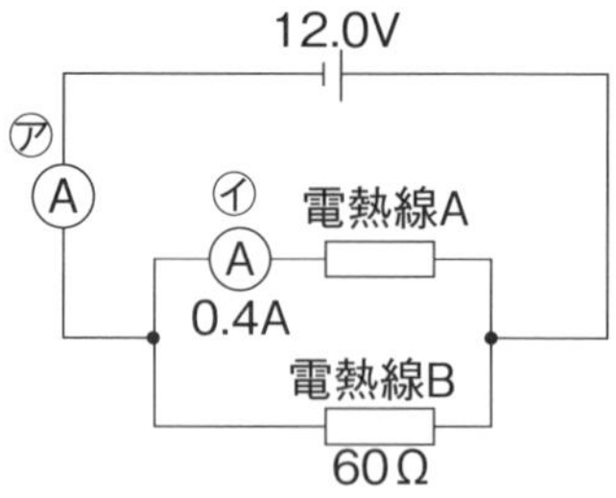

(1) 電熱線Aの電気抵抗は何Ωか。（　　　　）

(2) 電流計㋐は何Aを示すか。（　　　　）

(3) この回路全体の電気抵抗は何Ωか。（　　　　）

(4) 電熱線Aと電熱線Bの電力の比を求めなさい。

A：B＝（　　　：　　　）

2 化学変化と物質の質量 [教]p.60

下の実験について，あとの問いに答えなさい。

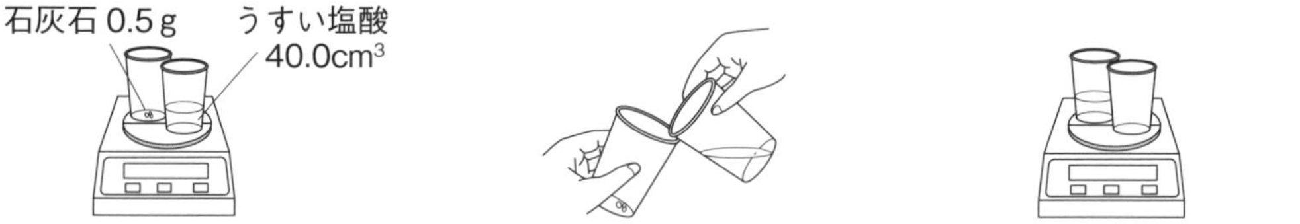

❶石灰石0.5 gとうすい塩酸40.0cm³を別々のふたのない容器に入れ，電子てんびんで全体の質量をはかった。

❷石灰石の入った容器に，うすい塩酸を全て入れて混ぜ合わせると，気体が発生した。

❸気体が発生しなくなってから，反応後のようすを観察し，再び質量をはかった。

石灰石（せっかいせき）の質量を1.0g，1.5g，2.0g，2.5g，3.0gに変え，❶～❸の操作を行ったところ，石灰石2.5g，3.0gのときに，容器に石灰石の一部が残った。下の表は，それらの結果をまとめたものである。

石灰石の質量〔g〕		0.5	1.0	1.5	2.0	2.5	3.0
全体の質量〔g〕	反応前	51.5	52.0	52.5	53.0	53.5	54.0
	反応後	51.3	51.6	51.9	52.2	52.7	53.2

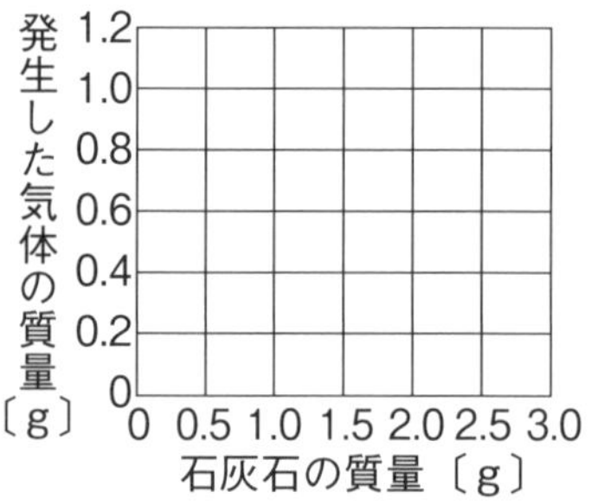

この実験で，石灰石の質量と発生した気体の質量との関係を，右のグラフに表しなさい。

3 記述問題 [教]p.144，191，260

次の問いに，簡単に答えなさい。

(1) 反射は，多くの動物に生まれつき備わっている反応である。この反応は，体のはたらきを調節する以外に，動物が生きていく上で，どのようなことに役立っているか。

（　　　　　　　　　　　　　　　　　　　　）

(2) 乾湿計で，湿球温度計の示度が乾球温度計の示度より低い値になるのはなぜか。

（　　　　　　　　　　　　　　　　　　　　）

(3) 家庭では，1個のテーブルタップに，たくさんの電気器具を接続して同時に使うと危険である。その理由を「並列」，「電流」の語を用いて説明しなさい。

（　　　　　　　　　　　　　　　　　　　　）

中間・期末の攻略本

取りはずして使えます！

解答と解説

大日本図書版　理科2年

単元1　化学変化と原子・分子

1章　物質の成り立ち

p.2～p.3　ココが要点

①銀　②酸素　③化学変化　④分解　⑤熱分解
⑥炭酸ナトリウム
㋐水　㋑二酸化炭素
⑦電気分解　⑧水素
㋒水素　㋓酸素
⑨原子　⑩元素　⑪元素記号　⑫周期表
⑬分子　⑭化学式　⑮単体　⑯化合物
㋔単体　㋕化合物
⑰化学反応式
㋖$2H_2O$　㋗$2H_2$　㋘O_2

p.4～p.5　予想問題

1 (1)線香が炎を出して激しく燃える。
(2)黒色から白色　(3)（銀色に）光る。
(4)うすく広がる。　(5)銀，酸素

2 (1)発生した水が加熱部分に流れて，試験管が割れるのを防ぐため。
(2)白くにごる。　(3)ウ
(4)青色から赤色　(5)イ　(6)イ
(7)炭酸ナトリウム，水，二酸化炭素

3 (1)小さな電圧で水を分解するため。
(2)A　(3)B
(4)①水素　②酸素　（①，②は順不同）

4 (1)①酸素　②炭素　③マグネシウム
④Cl　⑤S　⑥Cu
(2)①H_2　②Ag　③H_2O　④NaCl　⑤Au
(3)ア，イ，オ，キ，コ

5 (1)ウ
(2)$2Ag_2O \longrightarrow 4Ag + O_2$
(3)
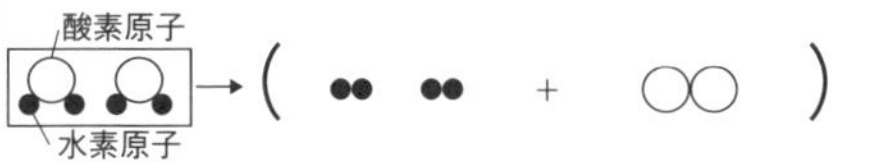

(4)$2H_2O \longrightarrow 2H_2 + O_2$

解説

1 (1)試験管では，酸素が発生している。酸素にはものを燃やすはたらきがある。
(3)(4)銀はこれらの金属特有の性質をもつが，酸化銀はこれらの性質をもたない。

2 (2)発生する気体は二酸化炭素である。二酸化炭素は石灰水を白くにごらせる。
(4)塩化コバルト紙は，発生した液体が水かどうかを調べるために用いられる。
(6)フェノールフタレイン液は，アルカリ性の水溶液に加えると赤色になる。強いアルカリ性の水溶液では濃い赤色になる。
(7) ポイント 炭酸水素ナトリウム
⟶炭酸ナトリウム＋二酸化炭素＋水

3 (1)純粋な水は電気を通しにくいので，大きな電圧が必要になってしまう。
(2) ポイント 電源装置の－極に接続されているほう（A）が陰極で，＋極に接続されているほう（B）が陽極である。
(3)(4) ミス注意！ 陰極で水素が，陽極で酸素が体積比2：1で発生する。

4 (3)化合物は，2種類以上の元素からなる。ア：NaCl，イ：NH_3，オ：CuO，キ：CO_2，コ：H_2O

5 (1) ミス注意！ 酸化銀は分子をつくらないため，原子の割合にもとづき，酸素原子1個と銀原子2個で代表させて化学式で表す。
(2)化学反応式をつくるときは，矢印の左右で原子の種類と数が等しいかどうかを確認する。
(3)(4)水の分解では，水分子2個から，水素分子2個と酸素分子1個ができる。

2章　いろいろな化学変化

p.6～p.7　ココが要点

①酸化　②酸化物　③燃焼

㋐酸化物

④二酸化炭素

㋑CO_2

⑤水

㋒$2H_2O$

⑥炭素原子

㋓白　㋔水（水滴）　㋕二酸化炭素　㋖水

⑦酸化マグネシウム

㋗$2MgO$

⑧酸化鉄　⑨還元　⑩銅

㋘黒　㋙二酸化炭素

㋚還元　㋛酸化

⑪硫化鉄

㋜硫化鉄　㋝引きつけられない　㋞水素

㋟硫化水素　㋠S　㋡FeS

⑫硫化銅

㋢S　㋣CuS

p.8～p.9　予想問題

[1]　(1)酸化　(2)酸化物　(3)燃焼
(4)①酸化鉄　②さび　③酸化

[2]　(1)二酸化炭素　(2)$C + O_2 \longrightarrow CO_2$
(3)青色から赤色　(4)水
(5)$2H_2 + O_2 \longrightarrow 2H_2O$
(6)①有機物　②二酸化炭素　③水
(7)$CH_4 + 2O_2 \longrightarrow CO_2 + 2H_2O$

[3]　(1)ウ　(2)酸素
(3)酸化物　(4)イ　(5)イ　(6)酸化鉄

[4]　(1)加熱後の物質
(2)酸素と結びついた分，質量が増えるから。
(3)酸化マグネシウム
(4)$2Mg + O_2 \longrightarrow 2MgO$

解説

[1]　(4)①鉄＋酸素⟶酸化鉄
②③ [参考] 物質は加熱しなくても，空気中の酸素と結びついて穏やかに酸化され，酸化物になる。金属のさびも，空気中の酸素によって酸化した酸化物である。さびた金属は，本来の金属の性質を失うため，酸素とふれないように，表面を塗装（とそう）するなどして酸化を防いでいる。

[2]　(1)(2)炭素＋酸素⟶二酸化炭素
(4)(5)水素＋酸素⟶水
(6)有機物には，炭素原子（C）と水素原子（H）が含まれているので，燃やすと，それぞれが空気中の酸素と結びつく。(2)のように，炭素原子は酸化されて二酸化炭素（CO_2）になる。(5)のように，水素原子は酸化されて水（H_2O）になる。
(7) [ミス注意!] 次のように，完成させていく。

メタン＋酸素 ⟶ 二酸化炭素＋水
$CH_4 + O_2 \longrightarrow CO_2 + H_2O$
→の左右で水素原子の数を等しくするため，右側の水分子を１個増やす。
$CH_4 + O_2 \longrightarrow CO_2 + H_2O$　[H_2O]
→の左右で酸素原子の数を等しくするため，左側の酸素分子を１個増やす。
$CH_4 + O_2$ [O_2] $\longrightarrow CO_2 + H_2O$　H_2O
係数をつけて，化学反応式を完成させる。
$CH_4 + 2O_2 \longrightarrow CO_2 + 2H_2O$

[参考] メタン（CH_4）は気体の有機物で，完全燃焼すると，二酸化炭素（CO_2）が発生するが，酸素が不足した状況で不完全燃焼すると，人体に有害な一酸化炭素（CO）が発生する場合がある（$2C + O_2 \longrightarrow 2CO$）。

[3]　(1)結びついた酸素の分だけ，質量が増えるため，❶での測定値1.00gより大きくなる。
(4)～(6) [ポイント] スチールウールは弾力があり，電流が流れやすく，磁石によくつく。また，うすい塩酸に入れると無色の気体（水素）が発生する。しかし，酸化鉄は弾力がなく，電流も流れないなど，鉄とはちがう性質をもつことから，鉄と酸化鉄は別の物質であることがわかる。

[4]　(1)(2)マグネシウム（Mg）を加熱すると，強い光を出しながら酸素と結びつき，酸化マグネシウム（MgO）ができる。結びついた酸素の分だけ，燃焼後は質量が増える。
(3)(4) [ミス注意!] マグネシウム＋酸素
⟶酸化マグネシウム
酸化マグネシウム（MgO）は，酸素原子とマグネシウム原子が１：１の数の割合で集まってできる化合物。化学反応式は，反応前後の物質の化学式を書いてから，左右の原子の数を合わせていく。

1 ①酸化物（化合物）　②還元　③コークス
　　④炭素（原子）　⑤酸素

2 (1)黒色から赤色
　(2)白くにごった。
　(3)A…銅　B…二酸化炭素
　(4)C…還元　D…酸化
　(5)$2CuO + C \longrightarrow 2Cu + CO_2$
　(6)銅が空気中の酸素にふれて酸化するのを
　　防ぐため。
　(7)酸素と結びつきやすい（酸化されやすい）

3 (1)ウ
　(2)（反応熱によって）そのまま化学変化が
　　進む。
　(3)硫化鉄　　(4)A
　(5)気体…水素　　におい…ない。
　(6)気体…硫化水素　　におい…ある。
　(7)$Fe + S \longrightarrow FeS$

4 (1)A…O_2　B…$2H_2$　C…$2MgO$
　(2)ア，ウ，エ
　(3)オ，カ　　(4)ア，ウ

解説

1 ①**参考** 酸素は，酸化物として地上の物質
に最も多く含まれている元素である。
　③～⑤**参考** 一般に，製鉄では，溶鉱炉に鉄
鉱石（主成分は酸化鉄）とコークス（主成分は炭
素）を交互に入れて加熱し，鉄鉱石を還元して
鉄をとり出している。日本古来の製鉄方法であ
る「たたら法」では，砂鉄と木炭を交互に入れ
て加熱し，砂鉄を還元して鉄をとり出していた。

2 (1)銅（Cu）は，赤色の金属で，こすると特有
の金属光沢が出る。
　(4)**ポイント** 還元と酸化は，1つの化学変化の
中で同時に起こる。酸化銅（CuO）は酸素を奪
われて，銅（Cu）になり，酸素を奪う炭素自身
（C）は，酸化して二酸化炭素（CO₂）になる。
　(6)**ミス注意!** 反応直後は，銅はまだ高熱で，ピ
ンチコックでゴム管を閉じないでおくと，試験
管に入ってくる空気中の酸素と再び結びつい
て，酸化銅に戻ってしまう。また，石灰水が逆
流して試験管が破損するのを防ぐため，火を消
す前に，石灰水からガラス管を抜いておく。
　(7)**ミス注意!** 酸化物を還元するときは，還元し

てとり出したい物質よりも，酸素と結びつきや
すい（酸化されやすい）物質を反応させる。鉄
と銅と比較して，「鉄や銅よりも炭素やアルミ
ニウムのほうが酸化しやすい」と答えるように
しよう。

3 (1)(2)**ポイント** 混合物の上部が赤くなり，化
学変化が始まったら，加熱をやめても，発生し
た熱（反応熱）によって化学変化が進む。
　(4)試験管Aの混合物中の鉄が磁石に引きつけら
れる。
　(5)混合物中の鉄とうすい塩酸との化学変化で，
水素（H₂）が発生する。
　(6)**参考** 周期表で，酸素と同じ縦の列に並ん
でいる硫黄は，酸素と化学的性質が似ていて，
多くの物質と結びつきやすい。硫黄と結びつ
くことを硫化といい，硫化鉄（FeS）や硫化銅
（CuS），硫化水素（H₂S）など，硫黄原子と結
びついた物質を硫化物という。
　(7)鉄＋硫黄──→硫化鉄

4 ア～カの化学変化は，次のように表せる。
　ア：酸化銀──→銀＋酸素
　イ：銅＋硫黄──→硫化銅
　ウ：水──→水素＋酸素
　エ：炭酸水素ナトリウム
　　　──→炭酸ナトリウム＋二酸化炭素＋水
　オ：マグネシウム＋酸素──→酸化マグネシウム
　カ：メタン＋酸素──→二酸化炭素＋水
　(1)ア：$2Ag_2O \longrightarrow 4Ag + O_2$（酸化銀の熱分解）
　ウ：$2H_2O \longrightarrow 2H_2 + O_2$（水の電気分解）
　オ：$2Mg + O_2 \longrightarrow 2MgO$（マグネシウムの酸化）
　(2)1つの物質（化合物）が2種類以上の物質に
分かれる化学変化を選ぶ。分解の化学反応式は，
反応前（左辺）に物質が1つで，反応後（右辺）
に2種類以上の物質が生じている。アは酸化銀
の熱分解。ウは水の電気分解。エは炭酸水素ナ
トリウムの熱分解。
　(3)酸化は，酸素と結びつく化学変化。オはマグ
ネシウムの酸化（燃焼），カはメタンの酸化（燃
焼）。
　(4)**ポイント** 単体は，1種類の元素だけででき
ている物質。化合物は，2種類以上の元素から
できている物質。

3章　化学変化と熱の出入り
4章　化学変化と物質の質量

p.12〜p.13　ココが要点

①発熱反応　②酸化鉄

㋐食塩水

③吸熱反応　④反応熱

㋑水酸化バリウム

⑤質量保存の法則　⑥二酸化炭素

㋒変化しない　㋓減る　㋔CO_2

⑦炭酸カルシウム

㋕変化しない　㋖NaCl　㋗$CaCO_3$

⑧酸化銅

㋘2CuO　㋙0.3　㋚0.4　㋛0.5　㋜4：1：5

㋝3：2　㋞4：1

p.14〜p.15　予想問題

1 (1)発生したアンモニアが水に溶けて，アルカリ性になったから。

(2)❶ア　❷イ　(3)(反応)熱

(4)❶発熱反応　❷吸熱反応

2 (1)すべての銅の粉末が酸素と反応したから。

(2)酸化銅

(3)$2Cu + O_2 \longrightarrow 2CuO$

(4)2.5g　(5)0.5g　(6)4：1

(7)酸素　(8)2 g　(9)30g

3 (1)炭酸カルシウム　(2)変化しない。

(3)CO_2　(4)変化しない。

(5)質量保存の法則　(6)減っている。

(7)発生した二酸化炭素が空気中に出ていったから。

4 (1)酸化マグネシウム　(2)0.4g

(3)3：2　(4)1.0g　(5)3：5　(6)6 g

解説

1 (1)❷では，次のような化学変化が起こる。

水酸化バリウム＋塩化アンモニウム

⟶塩化バリウム＋アンモニア＋水

発生したアンモニアは，水に非常に溶けやすく，水溶液はアルカリ性を示す。フェノールフタレイン液は，アルカリ性になると，無色から赤色に変化する。

(2)〜(4)❶の化学変化は，インスタントかいろに利用されている。鉄＋酸素⟶酸化鉄の化学変化が起こるとき熱を発生するため，温度が上がる。❷は，まわりから熱を吸収しながら化学変化が進む吸熱反応のため，温度が下がる。

2 (1)ある質量の銅と結びつく酸素の質量には限度がある。そのため，すべての銅の粉末が酸素と結びついた後は，加熱し続けても質量が変化しない。

(4)(5) [ミス注意!] グラフから銅2.0gから2.5gの酸化銅ができていることから，結びついた酸素の質量は，2.5 − 2.0 = 0.5〔g〕

(7)〜(9) [ポイント] 銅と酸素は4：1の比で結びつくことから，24gの銅に結びつく酸素は6 gだとわかる。8 − 6 = 2〔g〕より，余った2 gの酸素は，銅と結びつかずにそのまま残る。24gの銅と6 gの酸素は結びついて，30gの酸化銅となる。

3 (1)炭酸ナトリウム水溶液と塩化カルシウム水溶液を反応させると，炭酸カルシウムの白い沈殿ができる。

$Na_2CO_3 + CaCl_2 \longrightarrow 2NaCl + CaCO_3$

(2)図1は沈殿ができる化学変化なので，密閉していない容器でも質量保存の法則は成り立つ。

(3)炭酸水素ナトリウム＋塩酸

⟶塩化ナトリウム＋二酸化炭素＋水

($NaHCO_3 + HCl \longrightarrow NaCl + CO_2 + H_2O$)

(4)〜(7) [ポイント] 密閉している容器であれば，発生した二酸化炭素が空気中に出ていかず，反応の前後で,全体の質量は変わらない。しかし，容器のふたをあけると二酸化炭素が空気中に出ていき，その分だけ質量が減る。

4 (1)マグネシウム＋酸素

⟶酸化マグネシウム

(2)グラフで示される増加した質量は，マグネシウムと結びついた酸素の質量である。

(3)マグネシウムの質量と，結びつく酸素の質量の比は，一定である。0.6：0.4 = 3：2

(4)マグネシウム0.6gと，酸素0.4gが結びつくので，1.0gの酸化マグネシウムができる。

(5)0.6：1.0 = 3：5

(6) [ポイント] (3)と(5)から，マグネシウム：酸素：酸化マグネシウム = 3 ：2 ：5の質量の比であることがわかる。よって，酸化マグネシウム15gを得るために必要な酸素をxgとすると，

x：15 = 2 ：5　x = 6〔g〕　となる。

単元2　生物の体のつくりとはたらき

1章　生物をつくる細胞

p.16～p.17　ココが要点

①接眼レンズ　②対物レンズ
㋐接眼レンズ　㋑レボルバー　㋒対物レンズ
㋓しぼり　㋔反射鏡　㋕調節ねじ
③プレパラート　④核　⑤酢酸カーミン液
⑥細胞膜　⑦細胞質　⑧細胞壁　⑨葉緑体
㋖葉緑体　㋗液胞　㋘細胞壁　㋙細胞膜　㋚核
⑩細胞の呼吸　⑪酸素　⑫二酸化炭素
㋛酸素　㋜二酸化炭素
⑬単細胞生物　⑭多細胞生物
㋝ハネケイソウ　㋞ミカヅキモ　㋟ゾウリムシ
⑮組織　⑯器官
㋠細胞　㋡組織　㋢器官

p.18～p.19　予想問題

[1] (1)㋐レボルバー　㋑接眼レンズ
㋒対物レンズ　㋓反射鏡
(2)ウ→イ→エ→ア
(3)150倍　(4)暗くなる。
(5)A…スライドガラス　B…カバーガラス
(6)空気の泡（気泡）が入らないようにするため。

[2] (1)A　(2)㋐細胞壁　㋒細胞膜　㋔核
(3)酢酸カーミン液（酢酸オルセイン液）
(4)㋑，㋔

[3] (1)細胞壁，葉緑体，液胞
(2)B　(3)細胞質
(4)①㋒　②㋐，㋕　③㋔
④㋑　⑤㋓，㋖

[4] (1)㋐ゾウリムシ　㋑ミジンコ
㋒ミカヅキモ
(2)多細胞生物，図1…㋑　(3)単細胞生物
(4)組織　(5)器官　(6)B

解説

[1] (2)対物レンズとプレパラートの距離を遠ざけながら，ピントを合わせる。
(3)（顕微鏡の倍率）＝（接眼レンズの倍率）×（対物レンズの倍率）　したがって，15×10＝150〔倍〕
(4) **ポイント** 高倍率にすると，見える範囲が狭くなり，次の図のように，視野に入る光の量が減るため，暗くなる。そのため，ピントを合わせた後に，反射鏡やしぼりで明るさを調節する。

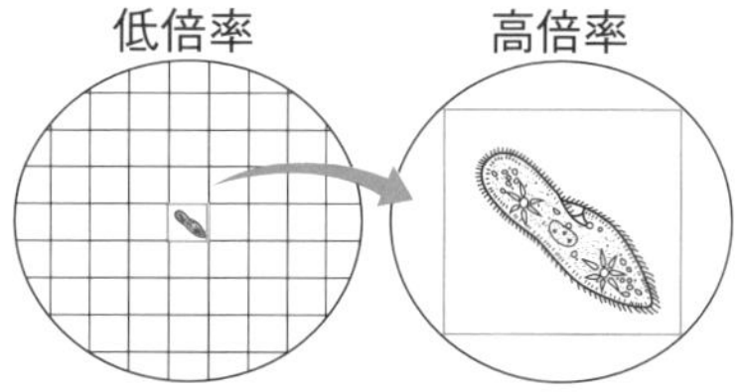

例えば，この観察では，視野の中の光の量は，低倍率のときの1マス分になる。

(6)観察しにくくなるため，空気の泡（気泡）が入らないように注意する。

[3] (1)(2)Aに見られる細胞壁，葉緑体，液胞が，Bには見られないことから，Bが動物の細胞。
(3) **ミス注意！** 細胞膜と，細胞膜に囲まれた核以外の部分を，合わせて細胞質という。

[4] (1)(2)㋑のミジンコは多細胞生物で，節足動物の甲殻類に属する。
(5)(6)多細胞生物の体は，いろいろな器官がつながりをもってはたらいて，個体として成り立っている。ヒトでは，特定のはたらきを受けもつ，心臓，肺，胃，小腸などが器官にあたる。

2章　植物の体のつくりとはたらき

p.20～p.21　ココが要点

①光合成　②二酸化炭素　③酸素　④葉緑体
㋐水　㋑デンプン
⑤呼吸
㋒光合成　㋓呼吸　㋔呼吸
⑥蒸散　⑦気孔
㋕気孔　㋖水蒸気
⑧道管　⑨師管　⑩維管束
㋗道管　㋘師管　㋙気孔　㋚維管束
㋛道管　㋜師管　㋝維管束
㋞道管　㋟師管
㋠師管　㋡蒸散　㋢気孔
㋣光合成　㋤呼吸　㋥道管

p.22～p.23　予想問題

[1] (1)葉を脱色するため。
(2)A　(3)デンプン　(4)葉緑体

② (1)二酸化炭素

(2)酸性からアルカリ性

(3)光合成によって二酸化炭素が使われたから。

(4)①AとB　②AとC　③BとD

(5)対照実験

③ (1)光合成

(2)㋐水　㋑二酸化炭素　㋒デンプン
㋓酸素

(3)A…道管　B…師管　(4)気孔

④ (1)酸素や二酸化炭素の（気体の）増減が，ホウレンソウのはたらきによることを確かめるため。

(2)㋐　(3)呼吸

⑤ (1)㋐　(2)X…呼吸　Y…光合成

(3)イ

解説

① (1)エタノールで葉を脱色することで，ヨウ素液をつけたときの色の変化がわかりやすくなる。

② (1)(2) **ポイント** BTB液は緑色で中性，黄色で酸性，アルカリ性では青色となる。二酸化炭素が水に溶けると酸性になる。息をふきこみ，二酸化炭素を溶かすことで，❶のBTB液は酸性に変化した。実験の結果から，試験管Aでは，BTB液が黄色から青色に変化したことから，酸性からアルカリ性に変化したことがわかる。

(3) **ポイント** 二酸化炭素の増減による，BTB液の色の変化をとらえる。二酸化炭素を溶かして，酸性にしたBTB液は，オオカナダモの光合成で二酸化炭素が使われたことによって，もとの中性に戻り，光合成が進むことで，さらに二酸化炭素が減り，アルカリ性になった。

(4) **ミス注意!** 試験管A〜Dの条件をまとめると次の表のようになる。

	A	B	C	D
オオカナダモ	○	×	○	×
光	○	○	×	×

（○…あり　×…なし）

試験管AのBTB液の色の変化は，オオカナダモに光が当たるという2つの条件がそろったことで起きたことがわかる。

①BTB液の色の変化が，オオカナダモのはたらきによることを調べるには，他の条件は同じで，オオカナダモの有無だけが異なる試験管の組み合わせ選ぶ。したがって，AとB。

②BTB液の色の変化が，光によるかどうかを確かめるには，他の条件は同じで，光が当たっているかいないかだけが異なる試験管の組み合わせを選ぶ。したがって，AとC。

③光が当たっただけでは，BTB液の色が変化しないことを確かめるには，光が当たっているかいないかだけが異なる試験管の組み合わせを選ぶ。したがって，BとD。

③ (3) **ミス注意!** 物質の移動を示す矢印の向きに注意する。管Aは，㋐の水を，葉の葉緑体に運んでいるので，道管である。管Bは，光合成でできた養分を葉から茎へ運んでいるので，師管である。

④ (1)ホウレンソウのはたらきによって，気体の割合が増減することを確かめるために，ホウレンソウを入れない袋を用意し，他の条件は同じにして，実験前後の測定値に変化がないことを確かめる。このような実験を対照実験という。

⑤ (3) **ポイント** 植物は，1日中呼吸を行っている。呼吸よりも光合成が盛んに行われる昼では，呼吸で放出される二酸化炭素の量よりも，光合成でとり入れる二酸化炭素の量のほうが多くなるため，見かけ上，二酸化炭素しかとり入れていないように見える。

p.24〜p.25　予想問題

① (1)気孔をふさいで，蒸散を防ぐため。

(2)AとB

(3)最大…D　最小…C

② (1)A　(2)A…㋑　B…㋓

(3)道管　(4)A…㋑　B…㋒

③ (1)師管　(2)㋑，㋓，㋕　(3)道管

(4)㋐，㋒，㋔　(5)維管束

(6)土にふれる表面積が大きくなることで，水や無機養分が効率よく吸収できる。

(7)気孔

(8)①水蒸気　②蒸散　③根（根毛）

④ (1)デンプン　(2)師管

(3)水に溶けやすい物質。

(4)細胞の呼吸　(5)発芽

解説

[1] (2)葉の表と裏のどちらに気孔が多いか調べるためには，ワセリンを葉の表側だけに塗った葉Aと，葉の裏側だけに塗った葉Bの水の変化量を比較すればよい。

(3) [ミス注意!] 葉で蒸散が行われることで，シリコンチューブの水が減り，その分，水の位置が左へ移動する。葉A～Dの蒸散量についてまとめると，表のようになる。

※○◎…蒸散が起こる(◎>○)　×…蒸散が起こらない

	A	B	C	D
葉の表側	×	○	×	○
葉の裏側	◎	×	×	◎

したがって，蒸散量はD＞A＞B＞Cの順となる。

[2] (1)ホウセンカは双子葉類(そうしよう)で，茎の維管束は輪状に並ぶ。トウモロコシは単子葉類で，茎の維管束は，全体に散らばっている。よって，Aがトウモロコシの茎の断面である。

(2)(3)着色した水は，道管を通る。茎の維管束では，道管は，茎の内側を通っている。

(4)維管束が散在している単子葉類の茎の縦断面は，Ⓘのように何本も赤い筋（道管）が観察される。

[3] (1)～(4) [ミス注意!] 道管は，根と茎では茎の内側を，葉では表側を通る。

(7) [参考] 気孔を囲む三日月形をした細胞を孔辺細胞といい，気孔の開閉調節を行っている。蒸散は主に昼間盛んに行われている。

(8) [参考] 根から葉まで，水の分子どうしが切れ間なくつながって，道管の中を通っている。蒸散によって，失われた分，根から吸水される。水は，光合成の材料として使われ，水に溶けている無機養分（肥料分）は体をつくる材料になる。

[4] (1)～(3)デンプンは水に溶けないので，そのままでは師管で運ぶことができない。水に溶けやすい物質に変えられて体の各部に運ばれる。

(4)(5)光合成でつくられたデンプンなどの養分は，植物の細胞の呼吸に使われる。また，いも（根や地下茎）や種子・果実に蓄えられる。種子に蓄えられた養分は，発芽の際のエネルギー源となる。

3章　動物の体のつくりとはたらき(1)

p.26～p.27 ココが要点

①消化　②消化器官　③消化管
④消化酵素　⑤消化液　⑥吸収
㋐ブドウ糖　㋑アミノ酸　㋒モノグリセリド
㋓毛細血管　㋔リンパ管
⑦肺胞
[カ]気管　[キ]気管支　[ク]肺胞
⑧動脈　⑨静脈　⑩毛細血管　⑪組織液
⑫赤血球　⑬白血球　⑭血小板
⑮血しょう　⑯リンパ液
⑰体循環　⑱肺循環
[ケ]肺動脈　[コ]肺静脈　[サ]大静脈　[シ]大動脈
[ス]二酸化炭素　[セ]酸素
⑲排出
[ソ]腎臓　[タ]ぼうこう

p.28～p.29 予想問題

[1] (1)だ液は，ヒトの体温に近い温度で最もよくはたらくから。
(2)記号…㋐　色…青紫色
(3)記号…㋒　変化…赤褐色の沈殿が生じた。
(4)デンプンを糖（麦芽糖）に分解するはたらき。

[2] (1)㋑胃液　㋓すい液　(2)消化酵素
(3)㋐アミラーゼ　㋑ペプシン
(4)肝臓
(5)A…脂肪酸・モノグリセリド（完答）
B…アミノ酸
C…ブドウ糖

[3] (1)柔毛　(2)小腸
(3)イ
(4)㋐毛細血管　㋑リンパ管
(5)㋐ア，ウ　㋑エ

[4] (1)㋐肺　㋑気管　㋒気管支　(2)肺胞
(3)表面積が大きくなり，酸素と二酸化炭素の交換が効率よくできる。
(4)A…酸素　B…二酸化炭素
(5)横隔膜　(6)イ　(7)ア

[解説]

[1] (2)(3) [ポイント] デンプンが分解されずに残っていると，ヨウ素液を加えたときに青紫色に変

化する。デンプンがだ液によって分解されていると，ベネジクト液を加えて加熱したときに，赤褐色(せきかっしょく)の沈殿ができる。

2 (1)㋐はだ液，㋒は胆汁，㋔は小腸の壁の消化液を表している。
(3) [参考] すい液にはトリプシンやリパーゼという消化酵素が含まれている。トリプシンはタンパク質を分解し，リパーゼは脂肪を分解する。

3 (5)㋑ [ミス注意!] 脂肪は，脂肪酸とモノグリセリドに分解されて柔毛に吸収された後，再び脂肪となってリンパ管に入る。

4 (1)～(4) [ポイント] 気管支は，気管が左右に分かれたもので，肺の中で細く枝分かれしている。気管支の先端のうすい膜の袋を肺胞といい，吸いこまれた空気中の酸素はここで血液中にとりこまれる。
(5)～(7) [ミス注意!] 風船㋔を下に引くと，ペットボトル内の風船（肺を表す）が膨らむ。これは，息を吸うときのようすを表している。横隔膜(おうかくまく)が縮んで下がり，肋骨が筋肉によって引き上げられることで，肺が広がり，息が吸いこまれる。逆に息をはくときは，横隔膜が上がり，肋骨がもとの位置に戻る。

p.30～p.31 予想問題

1 (1)㋐イ　㋑ウ　(2)赤血球

2 (1)記号…㋒　名称…赤血球
(2)ヘモグロビン
(3)酸素の多いところでは酸素と結びつき，酸素の少ないところでは酸素を放す性質。
(4)①記号…㋐　名称…血小板
②記号…㋓　名称…血しょう
③記号…㋑　名称…白血球

3 (1)A…右心房　B…右心室
C…左心房　D…左心室
(2)㋐　(3)弁
(4)血液の逆流を防ぐ。

4 (1)組織液　(2)血しょう　(3)リンパ管
(4)○…酸素　●…二酸化炭素

5 (1)体循環　(2)静脈　(3)心室
(4)㋑，㋓　(5)㋓
(6)①㋐　②㋖　③㋘

6 ①アンモニア　②肝臓　③尿素
④腎臓　⑤尿　⑥ぼうこう

解説

1 ㋒は赤血球である。血液の成分の1つである赤血球は，中央がくぼんだ円盤形をしており，酸素を運ぶはたらきがある。

2 (1)(2)酸素を運ぶはたらきをもつ赤血球は，中央がくぼんだ円盤形で，ヘモグロビンという赤い物質を含む。
(3) [ポイント] ヘモグロビンは酸素の多いところ（肺）では酸素と結びつき，酸素の少ないところ（体の各組織）では酸素を放す性質をもつ。
(4) [ミス注意!] 血小板は小さくて不規則な形，白血球はいろいろな形をした固体の成分である。血しょうは液体の成分である。

3 (1) [参考] 左心室(しんしつ)から全身へ血液が送り出されるため，左心室の筋肉はとくに厚くなっている。
(2)～(4) [ポイント] 動脈の壁は厚く，弾力性がある。静脈は，壁が動脈よりうすく，血液の逆流を防ぐ弁がある。

4 (1)～(3)毛細血管のうすい壁からしみ出した血しょうは，組織液となって細胞のまわりをひたし，血液と細胞との間の物質交換のなかだちをする。組織液の一部は，リンパ液となってリンパ管に入り，その後再び血液と合流する。
(4) [ポイント] 細胞に運ばれた養分は，細胞の呼吸によって，酸素を使って生命活動のためのエネルギーがとり出される。そのときに生じた二酸化炭素は組織液に溶けて，血液中の血しょうへ渡されて，肺まで運ばれる。

5 (1) [ポイント] 体循環では，心臓→大動脈→全身の細胞→大静脈→心臓という経路を，肺循環では，心臓→肺動脈→肺→肺静脈→心臓という経路をたどる。
(2)～(5) [ミス注意!] 動脈（㋐，㋓）は，心臓の心室から送り出される血液が流れる血管のことをいう。壁が厚く，血液の圧力にたえられるようになっている。一方，静脈（㋑，㋒）は，心臓に戻ってくる血液が流れる血管のことをいう。壁は動脈よりもうすく，血液の逆流を防ぐ弁がところどころにある。動脈血は酸素を多く含む血液のこと（㋑，㋓を流れる）で，静脈血は二酸化炭

素を多く含む血液（㋐，㋒を流れる）のことである。

(6)①肺で血液中の二酸化炭素を出し，酸素を血液中にとり入れている。

②小腸で養分が吸収される。毛細血管に入ったブドウ糖とアミノ酸は，肝臓へ送られて，一部が一時的に蓄えられ，必要に応じて全身の細胞に運ばれる。

③尿素などの不要な物質は腎臓でとり除かれ，尿としてぼうこうにためられた後，体外に排出される。

[6] 細胞で生命活動が行われると，二酸化炭素やアンモニアなどの不要な物質ができる。アンモニアは有害な物質であるので，肝臓で無害な尿素に変えられてから，体外に出される。

3章　動物の体のつくりとはたらき(2)

p.32～p.33 ココが要点

①骨格　②筋肉　③運動器官

㋐けん　㋑関節

④感覚器官　⑤レンズ（水晶体）　⑥網膜

㋒レンズ（水晶体）　㋓虹彩　㋔ひとみ

㋕角膜　㋖網膜

⑦鼓膜

㋗鼓膜　㋘うず巻き管

⑧中枢神経　⑨末梢神経　⑩感覚神経

⑪運動神経　⑫神経系　⑬反射

p.34～p.35 予想問題

[1] (1)㋐　(2)けん　(3)関節

(4)体を支える。内臓を保護する。など。

[2] (1)感覚器官

(2)A…におい　B…光

(3)聴覚

(4)㋐虹彩　㋑レンズ（水晶体）　㋒網膜

㋓耳小骨　㋔鼓膜　㋕うず巻き管

(5)①㋒　②㋕　③㋔　④㋐

[3] (1)目　(2)脳

(3)0.14秒

[4] (1)A…脳　B…脊髄

(2)中枢神経

(3)㋒感覚神経　㋔運動神経

(4)末梢神経

(5)㋒→㋑→㋐→㋔　(6)反射

(7)㋒→㋓→㋔　(8)ア，イ，オ

解説

[1] (1)腕は，筋肉のはたらきによって，関節の部分で曲げられる。腕をのばすときは，㋑の筋肉が縮む。

(2) [参考] けんは，関節をこえて筋肉と骨をつないでいるので，筋肉を動かすと骨格を動かすことができる。

[2] (2)これらの感覚器官には，刺激を受けとる細胞（感覚細胞）がある。Cでは音を，舌では味を，皮ふではものにふれた刺激，温度，痛み，圧力などの刺激などを受けとっている。

(3)Aでは嗅覚，Bでは視覚，舌では味覚，皮ふでは触覚などの感覚が生じている。

(4)(5) [ポイント] 目では，レンズの両端についている筋肉によって，レンズの膨みを調整し，網膜上にピントのあった像が結ばれるようにしている。耳では，音の振動が鼓膜を振動させ，耳小骨，うず巻き管へと伝えられる。

[3] (1)(2) [ポイント] 目・耳・鼻・舌など脳に近い感覚器官の場合は，感覚器官→感覚神経→脳→脊髄→運動神経→筋肉という順で，感覚器官からの刺激の信号は脊髄を通らず，脳に直接伝わる。

(3)表1から，5回の平均を求めると，

$(11.0 + 10.3 + 9.6 + 10.0 + 9.1) \div 5 = 10.0$(cm)

表2で，ものさしの落下距離が10.0cmのときの落下に要する時間は，0.14秒である。

[4] (1)～(4)中枢神経と末梢神経をまとめて神経系という。

(5) [ポイント] 意識して起こる反応では，感覚器官（皮ふ）→感覚神経→脊髄→脳→脊髄→運動神経→運動器官（筋肉）と伝わる。

(6)(7) [ポイント] この反射では，感覚器官（皮ふ）→感覚神経→脊髄→運動神経→運動器官（筋肉）と伝わる。

(8) [ミス注意!] 反射とは，刺激に対して意識とは無関係に起こる反応である。ウは寒いことを，エはボールが転がってきたことを意識して反応を起こしているので，反射ではない。

単元3　電流とその利用

1章　電流と回路(1)

p.36～p.37　ココが要点

①電流　②回路　③アンペア

㋐直列　㋑5

④回路図

㋒—|├—　㋓⊗

⑤直列回路　⑥並列回路

㋔直列　㋕並列　㋖＝　㋗＝　㋘＋

⑦電圧　⑧ボルト

㋙並列　㋚300　㋛＋　㋜＝　㋝＝

p.38～p.39　予想問題

[1]　(1)電流計…Ⓐ　電圧計…Ⓥ

(2)電流計…直列につなぐ。

電圧計…並列につなぐ。

(3)電流計…5 A　電圧計…300V

(4)電流…300mA　電圧…10.50V

[2]　(1)直列回路

(2)右図

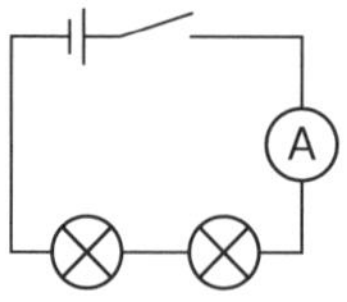

(3)㋐　(4)B

(5)I_2…350mA

I_3…350mA

(6)ア

[3]　(1)並列回路

(2)右図

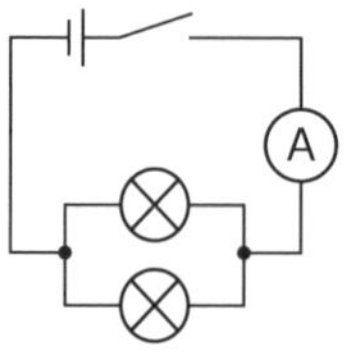

(3)I_3…120mA

I_4…360mA

(4)ウ

[4]　(1)等しい。

(2)1.40V　(3)2.90V

(4)ケコ間…2.00V　カサ間…2.00V

解説

[1]　(3) ポイント 電流や電圧の大きさがわからないときは，まずいちばん大きい－端子につなぎ，針の振れが小さければ，より小さい－端子につなぎかえ，値が読みやすいようにする。

(4)電流計は500mAの－端子なので，300mAと読む。電圧計は15Vの－端子なので，下側の目盛りを使って最小目盛りの$\frac{1}{10}$まで読む。

[2]　(3) ポイント 電流は，電源装置の＋極から出て，－極に入る向きに流れる。

(4) ミス注意! 電流計の＋端子は，電源装置の＋極側につなぐ。－端子はまずいちばん大きい電流がはかれる端子につなぎ，針の振れ方を確認する。

(5)(6)直列回路では，電流の大きさがどこでも等しいので，$I_1 = I_2 = I_3$　となる。

[3]　(3)(4)並列回路では，枝分かれする前の電流の大きさは，枝分かれした後の電流の大きさの和に等しくなる。I_1が360mA，I_2が240mAより，

$I_3 = 360 - 240 = 120$〔mA〕

$I_4 = I_1 = 360$〔mA〕

[4]　(1)豆電球に加わる電圧と，電源の電圧は等しくなる。

(2)3 Vの－端子につないでいるので，下側の目盛りを使って最小目盛りの$\frac{1}{10}$まで読む。

(3)直列回路では，それぞれの豆電球に加わる電圧の大きさの合計が全体に加わる電圧の大きさに等しくなるので，ウオ間に加わる電圧は，ウエ間とエオ間に加わる電圧の和になる。

$1.40 + 1.50 = 2.90$〔V〕

(4)並列回路では，各豆電球に加わる電圧の大きさと，全体に加わる電圧の大きさは等しくなるので，キク間，ケコ間，カサ間に加わる電圧は等しい。

1章　電流と回路(2)

p.40～p.41　ココが要点

①電気抵抗（抵抗）　②オーム

㋐にくい　㋑電圧　㋒電流

③オームの法則

㋓抵抗　㋔電流　㋕電流　㋖電圧　㋗抵抗

④導体　⑤絶縁体（不導体）

㋘＋　㋙＋

⑥電気エネルギー　⑦電力　⑧ワット

㋚電圧　㋛電流

⑨熱量　⑩ジュール

㋜電力　㋝時間　㋞電力　㋟時間

⑪電力量　⑫キロワット時

㋠電力　㋡時間

p.42～p.43 予想問題

1 (1)右図
(2)比例の関係
(3)オームの法則
(4)B　(5)A
(6)30 Ω

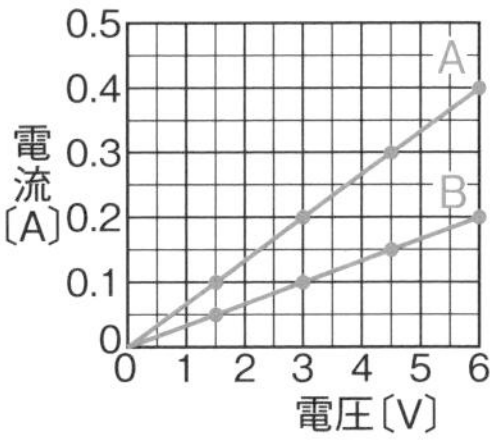

2 (1)0.3A (300mA)
(2)5 V　(3)9 Ω

3 (1)20 Ω　(2)0.5A　(3)10V
(4)2 A　(5)5 Ω

4 (1)導体　(2)絶縁体 (不導体)
(3)ガラス，ゴム

5 (1)1.5A　(2)4 Ω　(3)5400J
(4)180J　(5)比例 (の関係)

6 (1)4.5kWh　(2)300W　(3)3時間

解説

1 (2)(3) [ポイント] 電熱線を流れる電流の大きさは，電熱線の両端に加わる電圧の大きさに比例するという法則を，オームの法則という。

(4)同じ電圧を加えたとき，流れる電流の大きさが小さいのは電熱線Bである。つまり，電熱線Bのほうが電流が流れにくく，抵抗が大きいといえる。

(5) [ミス注意!] 同じ長さのときは，細い電熱線よりも太い電熱線の方が，電流が流れやすい。よって，同じ電圧を加えたとき，電熱線Aのほうがより大きい電流が流れているので，電熱線Aのほうが太いことがわかる。

(6) [ポイント] 200mA = 0.2A，抵抗 = $\frac{電圧}{電流}$より，

$\frac{6.0〔V〕}{0.2〔A〕} = 30〔Ω〕$

2 (1) [ミス注意!] 電流 = $\frac{電圧}{抵抗}$より，

$\frac{6〔V〕}{20〔Ω〕} = 0.3〔A〕$

(2)500mA = 0.5A，電圧 = 抵抗 × 電流より，
10〔Ω〕× 0.5〔A〕= 5〔V〕

(3)抵抗 = $\frac{電圧}{電流}$より，$\frac{4.5〔V〕}{0.5〔A〕} = 9〔Ω〕$

3 (1)電熱線を直列につないだとき，全体の抵抗は2つの抵抗の和になる。10 + 10 = 20〔Ω〕

(2) $\frac{10〔V〕}{20〔Ω〕} = 0.5〔A〕$

(3)並列回路なので，電源の電圧とそれぞれの抵抗に加わる電圧は等しい。

(4)電熱線Aに流れる電流は，

$\frac{10〔V〕}{10〔Ω〕} = 1〔A〕$　もう一方の電熱線にも同様に1〔A〕の電流が流れるので，㋐を流れる電流は，
1 + 1 = 2〔A〕

(5)回路全体の電圧が10〔V〕，電流が2〔A〕なので，$\frac{10〔V〕}{2〔A〕} = 5〔Ω〕$

4 (1)(2) [参考] 導体でも絶縁体 (不導体) でもない，半導体という物質もある。

5 (1)6 Vの電圧を加えたときの電力が9 Wなので，電力 = 電圧 × 電流より，電流は，
9〔W〕÷ 6〔V〕= 1.5〔A〕

(2)6 Vの電圧を加えると，1.5Aの電流が流れるので，

$\frac{6〔V〕}{1.5〔A〕} = 4〔Ω〕$

(3)電力量 = 電力 × 時間，5分 = 300秒より，
18〔W〕× 300〔s〕= 5400〔J〕

(4)熱量 = 電力 × 時間より，
6〔W〕× 30〔s〕= 180〔J〕

6 (1)1500〔W〕× 3〔h〕= 4500〔Wh〕
1000Wh = 1kWhより，4500Wh = 4.5kWh

(2) $\frac{7500〔J〕}{25〔s〕} = 300〔W〕$

(3) $\frac{432000〔J〕}{40〔W〕} = 10800〔s〕$

10800秒 = 180分 = 3時間

2章　電流と磁界

p.44～p.45 ココが要点

①磁力　②磁界　③磁界の向き　④磁力線
㋐磁力線　㋑N　㋒S　㋓狭い
㋔向き　㋕逆
⑤電磁誘導　⑥誘導電流
⑦直流　⑧交流　⑨周波数　⑩ヘルツ
㋖直流　㋗交流

p.46～p.47 予想問題

[1] (1)磁力　(2)磁界　(3)磁界の向き

[2] (1)①㋐　②同心円
(2)㋕b　㋖d　㋗d　㋘d　㋙b
(3)電流の向きを逆にする。
(4)電流を大きくする。コイルの巻数を増やす。コイルに鉄心を入れる。のうち1つ。

[3] 図2…㋑　図3…㋑　図4…㋐

[4] (1)㋐㋑b　㋒㋓c
(2)上向き　(3)逆になる。
(4)大きくなる。

[5] (1)電磁誘導　(2)誘導電流
(3)ア，イ　(4)ウ，エ

[6] (1)直流　(2)交流
(3)繰り返される回数…周波数
単位…ヘルツ(Hz)
(4)イ

解説

[2] (1)1本の導線に電流を流すと，ねじの回る向きに導線のまわりに同心円状の磁界ができる。
(2) ミス注意! コイルでの磁界の向きを知るために，右手を使う方法もある。電流の向きに右手の4本の指を合わせたとき，親指が磁界の向きを指す。この問題では，コイルの中での磁界の向きが右から左(㋖←㋘の向き)になっている。
(3)(4)コイルのまわりの磁界の向きや強さは，変えることができ，コイルの中に鉄心を入れると，磁界を強くすることができる。

[3] ポイント 磁界の中で導線に電流が流れると，導線は力を受ける。この力の向きは電流の向きと磁界の向きによって決まる。導線に流れる電流を大きくすると，受ける力も大きくなる。
図2，3…電流の向きや磁界の向きを逆にすると，導線が受ける力の向きは逆向きになる。
図4…電流の向きと磁界の向きの両方を逆にすると，導線が受ける力の向きは変わらない。

[4] (1) [参考] モーターには整流子とよばれるものがあるため，同じ方向に力を受け続け，回転し続けることができる。
(2)磁石の磁界の向きは，N極からS極に向かう。
(3)電流の向きを逆にすると，受ける力の向きが逆になる。また，磁界の向きを逆にしたときも，受ける力の向きが逆になる。

[5] (3)誘導電流の向きを反対にするには，磁石の極を反対にする，磁石の動く方向を逆にするという方法がある。磁石の極を逆にし，動く方向も逆にしたときは，もとの場合と同じ向きに誘導電流が流れる。
(4)ア…誘導電流は，磁界に変化が起こったときに流れる。そのため，磁石もコイルも動かさないときは，電流は流れない。

[6] (3) [参考] 交流の周波数は，東日本では50Hz，西日本では60Hzとなっている。
(4)発光ダイオードは決まった向きに電流が流れたときにだけ点灯する。直流につなぐと，つなぐ向きによって連続して点灯したままだったり，まったく点灯しなかったりするが，交流につなぐと，周期的に点滅する。

3章　電流の正体

p.48～p.49 ココが要点

①静電気　②電気の力
㋐同じ　㋑異なる
㋒－　㋓＋　㋔－
③放電　④真空放電
⑤電子　⑥電子線(陰極線)
㋕－　㋖－
㋗電子　㋘電流
⑦放射線　⑧放射性物質

p.50～p.51 予想問題

[1] (1)静電気　(2)－(の電気)
(3)ウ　(4)ア

[2] (1)イ
(2)下敷きにたまった静電気がネオン管の中に流れて点灯し，たまった電気がなくなると電流が流れなくなるから。
(3)放電

[3] (1)－極　(2)㋑　(3)㋐
(4)(上に)曲がる。
(5)電子線(陰極線)　(6)電子
(7)ウ，エ

[4] (1)①放射性物質　②透過性
(2)γ線　(3)㋑ア　㋒イ

解説

[1] (2)ティッシュペーパーが＋の電気を帯びたことから，ストローは－の電気を帯びたことがわかる。

(3)ティッシュペーパーの－の電気をもつ粒子(電子)が，ストローに移動する。

(4)異なる電気を帯びた物体どうしは引きつけ合い，同じ電気を帯びた物体どうしは退け合う。

[2] (1)(2)摩擦によってためられた電気は，ネオン管にふれると，その中を流れてネオン管が点灯する。しかし，ためられた電気がすべて流れてしまうと，点灯しなくなる。たまった電気は一瞬でネオン管を流れていくため，ネオン管が点灯するのも一瞬である。

[3] (1)影の位置から，電子が電極Ａから電極Ｂに向かって飛んでいることがわかる。電子は－極から＋極に向かって動くので，電極Ａが－極，電極Ｂが＋極につながっている。

(2)(3) ポイント 上下方向の電極板に電圧が加わっていないとき，電子線は㋑のように－極から＋極に向かって直進する。電子は－の電気をもっているので，電極板に電圧が加わると＋極方向に曲がる。図２では，上が電極板の＋極なので，㋐のように曲がる。

(4)電子線は，磁石によって曲がる性質をもつ。磁石の極を反対にすると，曲がる向きも反対になる。

(7) ミス注意! 電子は，金属の中で自由に動き回っているが，電圧が加わると電源の－極から＋極に向かって導線中を移動する。

[4] (1)(2)放射線の物質を通り抜ける性質を透過性という。放射線に共通の性質だが，放射線の種類によって強さは異なり，図のように，強い順に，Ｘ線・γ線＞β線＞α線となる。

(3)物質の性質を変化させる性質を利用した，プラスチックやゴムなどの耐熱(たいねつ)性や耐水性，耐衝撃(しょうげき)性などの強化(ア)や，細胞を死滅させる性質を利用した放射線治療(イ)や医療器具の滅菌(めっきん)，透過性を利用した手荷物検査(ウ)など，放射線は各分野に利用されている。

単元4　気象のしくみと天気の変化

１章　気象観測
２章　気圧と風

p.52～p.53 ココが要点

①気象　②気象要素

㋐快晴　㋑晴れ　㋒くもり

③圧力　④パスカル

㋓大きく

⑤大気　⑥気圧(大気圧)　⑦ヘクトパスカル

⑧天気図

㋔北西　㋕2

⑨等圧線　⑩高気圧　⑪下降気流

⑫低気圧　⑬上昇気流

㋖下降気流　㋗高気圧　㋘上昇気流　㋙低気圧

p.54～p.55 予想問題

[1] (1)雲量…3

天気…晴れ

(2)右図

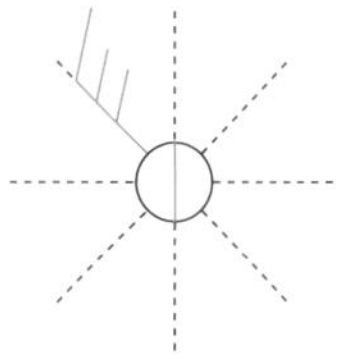

(3)77%

(4)晴れの日

(5)日射によって，まず地面があたためられ，地面の温度が上がってから，気温が上がるから。

(6)アメダス

[2] (1)つぶれる。

(2)①水蒸気　②小さく

(3)大気圧(気圧)　(4)空気

[3] (1)20N　(2)0.0064m^2

(3)3125Pa　(4)A…ウ　B…ア

(5)イ，ウ

[4] (1)等圧線　(2)ヘクトパスカル

(3)1008hPa　(4)A　(5)㋒

(6)A…[あ]　B…[う]

解説

[1] (1)(2)雲量３より，天気は晴れ，風力３とわかる。風向風速計では，矢先が風のふいてくる方向，矢羽根がふいて行く方向を示す。

(3) ミス注意! 乾球の示度13℃が気温である。乾球の示度と湿球の示度の差は，13－11＝2〔℃〕であることから，湿度表で湿度を読みとる。

[2] (1)(2)実験の前後で，缶の外側の大気圧は変わ

らない。缶がつぶれるのは，水を沸騰させることで水蒸気が発生し，缶の中の気体が押し出され，缶を密閉してから冷やすと，缶の中の水蒸気が水に戻り，缶の内側の気圧が小さくなるからである。

(3)(4) [ポイント] 空気にも質量があり，重力がはたらいている。この空気にはたらく重力による圧力が大気圧である。したがって，標高が高いところでは，気圧が低く（空気がうすく）なるため，大気圧も小さくなる。

3 (1)質量2kgの物体にはたらく重力は，2kg = 2000g，100gの物体にはたらく重力は1Nなので20Nである。

(2)$0.08\,[\mathrm{m}] \times 0.08\,[\mathrm{m}] = 0.0064\,[\mathrm{m}^2]$

(3)$\dfrac{20\,[\mathrm{N}]}{0.0064\,[\mathrm{m}^2]} = 3125\,[\mathrm{Pa}]$

(4)(5)Aでは，ペットボトルの置き方が変わっても板を押す力と板の面積は変わらないので，圧力も変わらない。Bでは，押す力は変わらないが，板の面積が小さくなったので，圧力は大きくなる。

4 (3)(4)等圧線の値から，Aが高気圧の中心，Bが低気圧の中心である。㋓の地点では，1000hPaの等圧線より2本分，8hPa気圧が高くなっている。

(5)等圧線の間隔が狭いところほど風が強い。

(6) [ポイント] 高気圧では，中心付近で下降気流が生じ，風は時計回りにふき出す。低気圧では，中心付近で上昇気流が生じ，風は反時計回りにふきこむ。

3章　天気の変化

p.56～p.57 ココが要点

①露点　②飽和水蒸気量
㋐6　㋑10.3　㋒露点
③湿度
㋓飽和水蒸気量
④雲　⑤霧
㋔膨張　㋕露点
⑥気団　⑦寒気団　⑧暖気団
⑨前線面　⑩前線　⑪停滞前線　⑫寒冷前線
⑬温暖前線　⑭閉塞前線
㋖寒冷　㋗積乱雲　㋘温暖　㋙乱層雲
⑮偏西風

p.58～p.59 予想問題

1 (1)金属は熱をよく伝えるから。
(2)露点　(3)飽和水蒸気量　(4)23.1g
(5)9.4g　(6)13.7g　(7)41%
(8)4.6g

2 (1)（線香の煙を核として，）水蒸気を凝結しやすくするため。
(2)膨らむ。
(3)①膨張　②下　③露点
④凝結　⑤上昇

3 (1)X…蒸発　Y…降水
(2)水蒸気　(3)太陽（のエネルギー）

4 (1)A…寒冷前線　B…温暖前線
(2)ウ　(3)㋐　(4)閉塞前線　(5)東
(6)偏西風　(7)イ
(8)気温が急激に下がり，風向が南寄りから北寄りに変わったから。

[解説]

1 (3)(4)気温が25℃のときの飽和水蒸気量は，グラフから，23.1g/m³である。

(5)この部屋の露点は10℃で，部屋の空気中には10℃のときの飽和水蒸気量である9.4g/m³の水蒸気が含まれていることがわかる。

(6) [ポイント] 25℃では，23.1g/m³まで水蒸気を含むことができるので，
$23.1 - 9.4 = 13.7\,[\mathrm{g}]$

(7)飽和水蒸気量が23.1g/m³，含まれている水蒸気量が9.4g/m³なので，湿度は，
$\dfrac{9.4\,[\mathrm{g/m^3}]}{23.1\,[\mathrm{g/m^3}]} \times 100 = 40.6\cdots$より，41%

(8)0℃の飽和水蒸気量は，4.8g/m³なので，
$9.4 - 4.8 = 4.6\,[\mathrm{g}]$　の水滴が生じる。

2 [ポイント] 自然界では，空気のかたまりが上昇すると気圧が低くなるため，膨張して温度が下がっていく。そして，露点に達すると，空気中のちりなどを凝結核として雲粒ができる。

3 (1)(2)水は，固体，液体，気体と状態変化しながら，地球上を循環している。

4 (2)(3)Aの寒冷前線では，寒気が暖気を押し上げながら進むため，積乱雲が発達し，狭い範囲

に強い雨が短時間降る。

(4) [参考] 寒冷前線は温暖前線より速く移動するため，やがて温暖前線に追いつき，閉塞前線ができる。

(5)(6)日本付近では，上空にふく偏西風の影響で，低気圧や移動性高気圧は西から東へと移動する。

(7)(8) [ポイント] グラフから，13時から14時にかけて，急激な気温の低下がみられ，風向が南寄りから北寄りに変化していることがわかる。

4章　日本の気象

p.60～p.61 ココが要点

①季節風

㋐南東　㋑北西

②シベリア気団　③小笠原気団

④オホーツク海気団

㋒シベリア気団　㋓オホーツク海気団

㋔小笠原気団

⑤移動性高気圧

㋕オホーツク海　㋖停滞（梅雨）　㋗小笠原

⑥西高東低

㋘水蒸気　㋙雪

⑦台風

p.62～p.63 予想問題

[1] (1)A

(2)Aは，あたたまりやすい砂の性質を示しているから。

(3)ユーラシア大陸　(4)太平洋上　(5)㋑

[2] (1)停滞前線　(2)イ

(3)シベリア気団　(4)雪

(5)日本海側で雪を降らせ，空気が水蒸気を失い，乾燥した風となって太平洋側にふくから。

[3] (1)春，秋　(2)西から東　(3)ウ

(4)ウ，エ　(5)梅雨前線　(6)秋雨前線

(7)小笠原高気圧（太平洋高気圧）

(8)小笠原気団　(9)①冬　②西高東低

(10)シベリア高気圧　(11)ア，イ

(12)偏西風

[解説]

[1] [ポイント] 砂や岩石は，水よりもあたたまりやすくて，冷めやすい。このため，夏は陸地の気温が海面上の気温よりも高くなる。空気はあたためられると膨張して密度が小さくなるので，上昇気流が発生して気圧が低くなる。したがって，大陸側の気圧が低くなり，気圧が高い海側から風がふくことになる。夏は太平洋側から南東の季節風がふく。

[2] (3)～(5)冬はシベリア気団が発達し，冷たく乾燥した風がふき出す。この空気が，日本海上を渡る際に，大量の水蒸気を含み，日本列島の山脈に沿って上昇することで，日本海側に雪を降らせる。山脈を越えると水蒸気を失った乾燥した風となり太平洋側にふき降りる。

[3] (1)～(3) [ポイント] 春や秋は，大陸からの移動性高気圧と低気圧が交互に日本付近を通過する。このとき，移動性高気圧や低気圧は，偏西風の影響で西から東へと移動するので，天気も西から東へと変わる。同じ天気は長く続かない。

(4)～(6)つゆのころや秋雨のころには，冷たく湿った気団（オホーツク海気団）と，あたたかく湿った気団（小笠原気団）の２つの勢力がつり合って停滞前線ができる。それぞれ，梅雨前線，秋雨前線ともいう。これらの前線は日本列島に大量の雨を降らせる。

(7)(8)夏に勢力が強くなるのは，あたたかく湿った小笠原気団である。このため，日本列島は小笠原高気圧に覆われ，夏は高温多湿の晴天になることが多い。

(9) [ポイント] 西の大陸で気圧が高く，東の太平洋で低い西高東低は，典型的な冬の気圧配置である。

(11)(12)台風とは，熱帯の海上で発生した熱帯低気圧のうち，中心付近の最大風速が毎秒17.2m以上のものをいう。中心付近では強い上昇気流が生じていて，強い風や雨をともなう。北上した台風の進路は，偏西風の影響を受けて東寄りに変わる。

巻末特集 p.64

① (1)30Ω (2)0.6A (3)20Ω
(4)A：B＝2：1

解説 (1)電熱線Aに加わる電圧は12.0V，電流の大きさは0.4Aなので，オームの法則

抵抗〔Ω〕$=\frac{電圧〔V〕}{電流〔A〕}$より，$\frac{12.0〔V〕}{0.4〔A〕}=30〔Ω〕$

(2)並列回路なので，電熱線Bに加わる電圧は，電源の電圧と等しく，12.0Vである。したがって，電熱線Bに流れる電流の大きさは，

オームの法則　電流〔A〕$=\frac{電圧〔V〕}{抵抗〔Ω〕}$より，

$\frac{12.0〔V〕}{60〔Ω〕}=0.2〔A〕$

並列回路では，各電熱線を流れる電流の和が枝分かれしていない部分の電流の大きさと等しいので，電流計㋐の示す値は，

$0.4+0.2=0.6〔A〕$

(3)この回路全体に流れる電流の大きさは0.6A，また，回路全体に加わる電圧は12.0Vである。

オームの法則　抵抗〔Ω〕$=\frac{電圧〔V〕}{電流〔A〕}$より，

$\frac{12.0〔V〕}{0.6〔A〕}=20〔Ω〕$

(別解) 並列回路での全体の抵抗をR，電熱線Aの抵抗をR_A，電熱線Bの抵抗をR_Bとすると，回路全体の抵抗は，次の式で表せる。

$\frac{1}{R}=\frac{1}{R_A}+\frac{1}{R_B}$

$R_A=30〔Ω〕$，$R_B=60〔Ω〕$を代入すると，

$\frac{1}{R}=\frac{1}{30}+\frac{1}{60}=\frac{3}{60}=\frac{1}{20}$　$R=20〔Ω〕$

(4)並列回路では，各電熱線に加わる電圧は，電源の電圧に等しいので，12.0Vである。電熱線Aには0.4A，電熱線Bには0.2Aの電流が流れているので，それぞれの電力は，

電熱線A：12.0〔V〕×0.4〔A〕＝4.8〔W〕
電熱線B：12.0〔V〕×0.2〔A〕＝2.4〔W〕
よって，電力の比は，A：B＝2：1

②

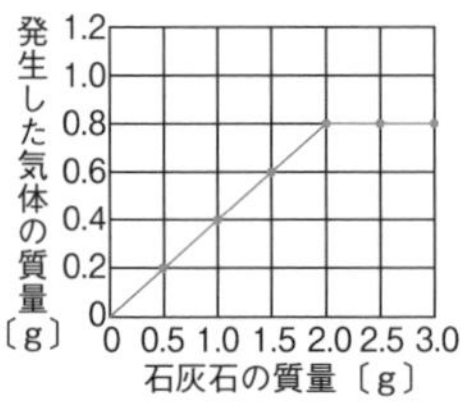

解説 石灰石とうすい塩酸を反応させると，二酸化炭素が発生する。この実験では，ふたのない容器を使用しているため，発生した二酸化炭素が空気中に逃げた分，質量が減少する。下の表のように，反応前と反応後の質量の差（発生した二酸化炭素の質量）を求めて，グラフで表す。

石灰石の質量〔g〕		0.5	1.0	1.5	2.0	2.5	3.0
全体の質量〔g〕	反応前	51.5	52.0	52.5	53.0	53.5	54.0
	反応後	51.3	51.6	51.9	52.2	52.7	53.2
発生した気体の質量〔g〕		0.2	0.4	0.6	0.8	0.8	0.8

グラフより，この実験では，うすい塩酸40.0cm^{3}と石灰石2.0gが過不足なく反応している。

③ (1)危険からすばやく身を守ることに役立っている。
(2)湿球を覆うガーゼ（布）の部分から水が蒸発するとき，まわりから熱を奪うため，温度が下がるから。
(3)家庭内の電気器具は，並列に接続されているため，同時に使用して，消費電力が大きくなると，流れる電流が大きくなるから。

解説 (1)反射は，多くの動物に生まれつき備わっている反応である。脳に刺激の信号が到達する前にすばやく起こる反応であるため，いち早く危険から身を守ることができる。

(2)湿球の示度が乾球よりも低くなるのは，湿球を覆う部分の水が蒸発するときに，まわりから熱を奪うためである。水が蒸発しやすいほど，つまり，湿度が低いほど，乾球と湿球の示度の差は大きくなる。逆に，湿度が高いほど，水は蒸発しにくくなり，示度の差は小さくなる。

(3)家庭の配線は並列回路で，各電気器具に流れる電流の和が回路に流れる電流の大きさになる。テーブルタップに上限以上の電流が流れると，発熱や発火することがあり，危険である。